园艺大师系列

图说葡萄整形修剪与12月栽培管理

[日] 大森直树 著

新锐园艺工作室 组译

中国农业出版社

北 京

前　言

目前，我在日本冈山县经营着一家果树种苗店。

在兴起园艺种植热潮之前，我就率先在自己经营的山阳农场开设了花园中心（也叫开放式花园）。与此同时，我还兼营花卉种苗及素烧盆等园艺工具，其中，我经手的陶盆是最先进入日本地方市场的。随着园艺热潮的兴起，出现了批发店，而我又厌倦其中的竞争。因此放下一切，再次回到果树育苗领域。

我希望借此机会，以无须太多奢华的形式，不局限于果树的植物种类来建立人们与植物和谐共存的美好生活环境，便把趣味园艺和庭院设计当作今后的发展方向。说来也是与其有缘，数十年前，我在从事果树苗木培育时，已开始渐渐面向家庭和生产者讲解如何家庭栽培果树。

近来，果树栽培方面的创新技术不断发展，在带来巨大效益的同时，我们也可以看到随之而来的负面影响。例如，在葡萄栽培过程中，使用植物生长调节剂虽然容易收获具有高商品价值的无核葡萄和大粒葡萄，但吃到的葡萄却失去了本来的口感。

当然，使用植物生长调节剂可以防止葡萄脱粒，从而保证葡萄结果，但应该尽量将其使用范围控制在无核葡萄和大粒葡萄的生产上。尤其是普通家庭如果把栽培葡萄当作兴趣，就更应该注意这一点。

　　本书主要面向把栽培葡萄当作兴趣的人，或者已经着手于此挑战的人。内容的介绍采用专业术语与通俗易懂的解说相结合的形式，初看觉得略有难度，但是我确信读者以本书为参考，栽培葡萄1~3年，且亲力亲为，一定能收获颇丰。

　　葡萄栽培历史悠久，传闻其品种过万。有些品种（阳光玫瑰、甜蜜蓝宝石）收获前，沐浴阳光的果实犹如宝石般美丽，并且刚摘下的果实美味无比，令人惊叹。近来，人们又开始热衷用葡萄制作绿植窗帘。敬请读者结合兴趣目的，选用适合的品种，乐享葡萄的种植过程。

大森直树

2012年9月

目　录

第2章 日本人气葡萄品种推荐

第3章　选苗·移栽·搭架 37

第4章 葡萄 12 月栽培管理 ································ 61

第5章　自家栽培葡萄的乐趣 ⋯⋯⋯⋯⋯⋯⋯⋯ 93

本书使用说明

本书葡萄的生长周期与12月栽培管理月历是基于日本关西平原地区的生产实践。关于栽培周期，日本南部温暖地区可推迟2周乃至1个月，北部寒冷地区请结合地域差异进行作业。中国各栽培产区可根据实际情况进行调整。

在第2章推荐的葡萄品种中出现的星星符号"★"，表示栽培的难易程度。

1颗绿色星星表示初学者也可轻松栽培，随着绿色星星颗数的增加，栽培难度也增加。

判断葡萄糖度的方法：选择一种你熟悉的葡萄品种，比如巨峰，其糖度为18°～19°，其他品种的糖度可与巨峰比较后再进行判断。

本书8～10页整理了葡萄栽培相关术语释义。若书中出现难懂的专业术语，请参考此部分内容。

由于农药登记一直在更新，故本书省略了防治病虫害的具体药剂名称。使用药剂时，请慎重选择登记在册的药剂，同时要参照各地区发行的行业标准。

第 1 章

葡萄栽培的
基础知识

　　只要搭建好坚固的避雨棚，就没有比葡萄更容易栽培的家庭果树了。即使家里没有庭院，也可选择盆栽。到了夏天，葡萄还可以用于制作绿植窗帘。那么，在栽培葡萄之前，我们先了解一下栽培葡萄的乐趣以及基础知识。

栽培葡萄的七大乐趣

随处都可栽培葡萄

葡萄（*Vitis vinifera* L.），葡萄科葡萄属木质藤本植物。

葡萄是世界最古老的果树树种之一，其化石发现于第三纪地层中，说明当时已遍布于欧、亚大陆及北美洲的连片地区。

早在公元前2500年古埃及的古墓壁画上已描绘着人们收获葡萄和酿制葡萄酒的景象。而我国最早是由汉朝使臣张骞从西域带回葡萄栽种，至今已有2000多年的历史。

目前，葡萄栽培已遍布全球。从气温40℃的热带到－40℃的寒带，都有葡萄栽培。由于葡萄对气候和土壤的适应能力极强，因此葡萄的品种十分丰富。

不费工夫，轻简栽培

葡萄往往给人的印象是高端、洋气，而且价格较高，因此容易被误认为葡萄栽培技术复杂。

其实，葡萄是自花授粉植物，不需要人工参与。若栽培的目的只是想要结果，那与其他果树相比容易许多。

没有庭院，照样可栽培葡萄

葡萄的树枝每年可生长10米以上。选择庭院栽培，需要坚固的葡萄架。

但如果选择盆栽，其根茎的生长会被限制，根茎每年的生长长度也会大幅度缩短。因此，葡萄也可以紧凑

地生长，从而进行小空间栽培。

在欧美国家，整个葡萄庄园里的葡萄树（高约1米）硕果满枝。一般家庭可以借鉴其方法，选择适合家庭栽培的品种和方法。

比如，选择嫁接的一年生葡萄苗栽培于长约90厘米的长方形盆具或者较大的陶器中，栽培第三年就可收获不逊色于庭院栽培的美味葡萄。

可随意创设葡萄架

葡萄的生长不受场地限制，可适应任何搭架方式。庭院栽培葡萄搭架方式多种多样，如双臂篱架、T形架等。

盆栽葡萄的搭架方式也各式各样，比如立杆式、格子架式、环形支架式等。普通家庭可根据自家场地和期望产量，自由选择葡萄树的搭架方式。

可根据自己的喜好选择品种

世界上的葡萄品种超过一万种。虽然人们只选择其中的一部分进行栽培，但依然可以呈现出颜色（黑、红、青）与品种方面的多元化。

另外，葡萄品种不同，其口感也随之不同，因此人们可以根据自己的喜好选择合适的品种。

可品尝新鲜美味的果实

市面上的葡萄大多是于成熟之前实地采摘并运送至各地。

而普通家庭可每天观察葡萄的生长，直至完全成熟才进行采摘，可品尝最新鲜的葡萄。此种美味，无可替代。

还可用于制作绿植窗帘

最近，人们在夏季开始广泛使用绿植窗帘以起到节能效果。葡萄的搭架方式自由，到了夏天，葡萄的叶片长得更茂盛，郁郁葱葱的，非常适合制作绿植窗帘。同时于房檐下或阳台上搭配种植苦瓜或牵牛花，效果更佳。

庭院栽培葡萄的优势及栽培要点

根茎充分生长，产量增加

　　一般来说，植物的树冠与其根系在地下的分布大致是成正比的。葡萄也是同样。其树冠越大，根系在地下的分布就越深越广。植物的根系越发达，所需的栽培空间就会越大，相应的产量也会增加。

　　以笔者搭架栽培的葡萄为例，通常栽培100米^{2}在第三年产量即可达200千克。

改良土壤必不可少

　　葡萄对土壤适应性广，一般沙土、壤土地等均能种植，但要选择排灌方便、地势较高、土壤pH6.5～7.5的地块。

　　葡萄的根部不仅会向土壤底层生长蔓延，也会向地面上延伸20～50厘米。因此，如果土壤板结，葡萄就无法尽情生长。较黏重的土壤、沼泽地和重盐碱地不适合葡萄栽培，需要进行掺沙子、煤渣灰或进行排盐处理，并施有机肥逐步改良土壤。很多地区，栽培葡萄前必须改良土壤，栽培过程中每年也须改良土壤。这是一项重要的环节。

浇水次数，以少为好

　　盆栽葡萄需要每天浇水，与此

相比，庭院栽培葡萄并不需要每天浇水，其浇水次数是盆栽葡萄的1/10。

但是，庭院设施栽培处于无雨环境下，其浇水次数需达到盆栽的1/3。开花前5～7天浇水，可促进新梢生长，初花期至末花期应少浇水，否则会引起大量落花落果。

做好避雨工作

做好整株葡萄树的避雨工作，可以防止葡萄被雨水中的病原菌侵染。此外，根系被雨水长时间浸泡易受到损伤。因此，一定要做好基础避雨工作。

搭建避雨棚或果实套袋，可以预防果树因接触雨水而生病。

避雨棚

盆栽葡萄的优势及栽培要点

可以控制根系分布和树形

选择盆栽葡萄,其根系分布会受限制。相反,盆栽可以控制其根系分布,从而省去不必要的灌溉和施肥。

此外,选择在前院、房檐下或阳台等场所栽培时,可以根据栽培空间确定葡萄树形。

要勤于浇水且量足

选择盆栽,由于土量受限,因此与庭院栽培不同,需要勤于浇水。盆土表面若出现干裂现象,就需要大量浇水,直至盆底有水流出为止。

这样操作可以排出盆土中原有的空气,带来新鲜的空气。同时,可以冲走根系分泌的无效有机物,保证土壤新鲜。

搭建格子架式

环形支架式(左)和立杆式(右)

遇不良生长条件也容易搬动

葡萄是极端不喜雨水的植物,尤其不适应大雨等天气。庭院栽培时若不能搭建大棚和温室,那么葡萄将遭受雨淋。

但是,盆栽葡萄重量轻,即使突遇降雨也可迅速搬至雨水淋不到的房檐下或房间内。

此外,为了避免葡萄受到强烈阳光的照射,也可将盆栽葡萄移至阴凉处。

因此,盆栽的一大优势是,可以使葡萄时常处于良好的生长环境。

集中2年时间积累树木的营养

盆栽葡萄可以控制根系分布范围以及树冠，相反，也可以说是盆栽施加了相应的压力，限制了葡萄的生长。

葡萄属自花授粉，花粉易于落到本花的柱头上，另外，随着自身的生长，葡萄受到盆栽施加的压力增加，其生长从营养生长为主转为开花、结果、形成种子的生殖生长为主。因此，盆栽葡萄比庭院栽培葡萄结果的速度快。

但是，移栽后2年内即使开花了，也最好不要让其结果，以使树木积累的营养，防止其在幼苗期结果耗费过多营养而未老先衰。盆栽的前1～2年，种植在直径30厘米的花盆中，第三年移栽至更大一点的花盆后就可以安心地让它结果并等待收获了。

葡萄盆栽的土壤准备更为轻松

在葡萄盆栽过程中高品质的土壤至关重要，同样，庭院栽培也要在土壤改良上下大功夫。特别是日本山阳地区，其土质是以花岗岩为主的沙砾性土壤，土壤改良成为最大的难题。

而盆栽葡萄，只需在种植苗木前将混拌好的土壤添加到花盆里就可以了，与庭院栽培相比盆栽葡萄简化了很多操作流程。

syokora 式

葡萄栽培相关术语释义

为了使读者正确理解书中内容，列举了一些葡萄栽培主要的专业术语及其释义。

树、枝和根

〔主干〕指由地面到主蔓分枝部位的树干，支撑树冠的中心。

〔主蔓〕指主干上的分枝。如植株从地面以上发出的枝蔓多于一个，习惯上均称为主蔓。主蔓是树的骨架基础。

〔亚主蔓〕指次于主蔓的枝干。从主蔓上开始生长，紧随主蔓，形成树的骨架。

〔侧蔓〕指主蔓上的分枝，从主蔓与亚主蔓上开始生长，比亚主蔓细。侧蔓可结果或可嫁接结果枝。

〔结果母蔓〕结果母蔓是由上一年成熟的枝蔓经过冬季修剪而形成。

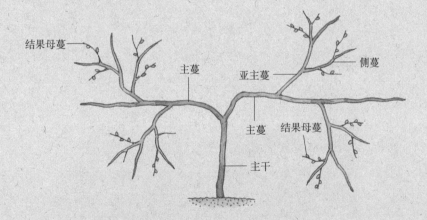

〔结果枝和发育枝〕着生于侧蔓上的结果母蔓与预备枝，构成结果枝组，结果母蔓和预备枝都是上一年成熟的新梢，这些枝蔓上的芽眼在当年所抽生的新梢，带有花序的称为结果枝，不带花序的称为发育枝（生长枝）。

〔新梢〕带有叶片的当年生枝。

〔副梢〕新梢叶腋中的夏芽或冬芽萌发的新梢，分别称为夏芽副梢或冬芽副梢。

〔树势〕新梢生长旺盛，树势旺盛或者树势强盛；新梢生长较为迟钝，则树势衰弱。

〔徒长蔓〕凡生长势强、枝梢粗壮、节间长、芽眼小、节位表现出组织疏松现象的当年生枝蔓，称为徒长蔓。

〔摘心〕摘除枝的尖端及顶芽，抑制年轻枝的生长，或促使侧芽发育。

〔带土球苗木〕从育苗盆或花盆中拔出的根部保有泥土的苗木。

花与果实

〔腋芽〕指葡萄枝梢上的芽，实际上是新枝的茎、叶、花过渡性器官，着生于叶腋。

〔花序〕葡萄的花序属于复总状花序，呈圆锥形，由花序梗、花序轴、枝梗、花梗和花蕾组成。有的花序上还有副穗。

〔花芽分化〕指腋芽变为花芽而非叶芽，然后生长、发育、开花、结果。葡萄的花芽有冬芽和夏芽之分，一般一年分化一次，也可以一年分化多次。

〔落花〕指即使开花也不结果，花纷纷掉落的现象，是由葡萄树营养不良或开花时温度过低、日照不足等引起的。不同葡萄品种落花情况也不同，但是一般可归结为缺素症和营养不均衡两大诱因。

〔自交亲和〕相同品种的花粉进行受精继而结果。

〔自交不亲和〕相同品种的花粉受精不良，导致不结果。

〔赤霉素处理〕赤霉素是对人体无害的植物生长调节剂。开花期间，经赤霉素处理1次后结果状态变好。要收获无核果实，需在盛花期的前2周使用赤霉素，于盛花期开始10天后再次使用。

〔二倍体〕含有两个染色体组的个体（葡萄一个染色体组含19条染色体）。

〔三倍体〕由二倍体和四倍体杂交而成，拥有1.5个染色体组。细胞分裂过程中无法顺利分配染色体，大部分是异源配子体的品种，故果实无核。

〔四倍体〕四倍体品种的染色体组是二倍体品种的2倍，易产出大粒果实。

〔甲哌鎓〕别名缩节胺，是一种植物生长调节剂，能促进植物的生殖生长，抑制茎叶疯长，控制侧枝，塑造理想株型，提高根系数量和活力，使葡萄果实增重，品质提高。巨峰展叶7～8片时，用250毫克/升甲哌鎓水剂喷洒巨峰的新梢以及花序。

〔氯吡脲〕别名施特优，是一种植物生长调节剂，与细胞分裂素同样具有活化作用。栽培葡萄时，盛花期后使用此药，能促使果粒膨大。

〔裂果〕一般发生在收获之前，果粒、果皮出现开裂的现象。

生长与操作

〔**土壤的基本性质**〕包括土壤的物理性质和化学性质。其中物理性质包括土壤质地、土壤孔隙度、土壤耕性等；土壤化学性质包括土壤吸收性、土壤酸碱性、土壤缓冲性、土壤养分等。人们在栽培作物时，都希望土壤中含有适宜的沙粒、空气、水分。土壤的通气性越好，分解有机物的土壤微生物和小动物就越多，土壤性质也就变得越好。

〔**基肥**〕指葡萄定植前、在生长季初或生长季末，结合土壤耕作所施用的肥料。

〔**营养生长**〕植物的根、茎、叶等营养器官的建成、增长的量变过程。

〔**生殖生长**〕当植物生长到一定时期以后，便开始分化形成花芽，以后开花、结果(实)，形成种子。植物的花、果实、种子等生殖器官的生长就叫生殖生长。

〔**砧木**〕指嫁接繁殖时承受接穗的植株。葡萄嫁接应选择具有抗葡萄根瘤蚜等性能的砧木。

〔**接穗**〕指嫁接时接于砧木上的枝或芽。多选用一年生枝。要求品种正规、健康饱满。

〔**波尔多液**〕属无机铜类杀菌剂，有效成分为碱式硫酸铜。可改变硫酸铜、生石灰、水的配比，在葡萄栽培过程中通常使用 1∶0.5∶200 倍波尔多液进行杀菌。

第2章
日本人气葡萄
品种推荐

　　葡萄对气候及土壤条件有极强的适应能力，只要有避雨设施，几乎不论哪个地区哪个品种都能栽培。但是，葡萄品种有容易栽培和不易栽培之分，读者需要结合自身的栽培技术水平，选择合适的品种。

容易栽培和不易栽培的品种

从前，栽培葡萄最怕出现黑痘病、霜霉病、炭疽病、灰霉病等病害。现在，这些病害已经可以防治。

美国杂交葡萄长势强，结果好，开花期不必调整树势，属容易栽培的品种。

易出现落花、裂果、脱粒的品种属不易栽培的品种。

先锋、妮娜皇后等四倍体品种易出现落花现象，属不易栽培的品种。但是，同为四倍体葡萄的伊豆锦、龙宝、安艺皇后等则不易出现落花现象，属容易栽培的品种。

容易发生裂果现象的品种如蜜红等属不易栽培的品种。

容易脱粒、果皮不易着色的品种属不易栽培的品种，代表品种如藤稔。

温馨提示

四倍体葡萄的树姿高大，容易出现落花现象，因此应控制葡萄树的高度，从而延长葡萄挂果时间。之后，摘除侧芽，进行整形修剪，调整葡萄树的长势。否则，葡萄会出现着色不良，尤其是紫葡萄品种可能出现红熟现象。

另外，由于四倍体葡萄具有早熟特点，夏季高温时期就可成熟，果肉变化和果皮着色程度明显。因此，若挂果时间长，易造成果穗不紧实，果实口感变差，甚至出现裂果现象。

蓓蕾玫瑰 A（Muscat Bailey A）

难易度 ★★★ 欧美杂交种

收获期/9 月中下旬

单粒重/7 克（中粒*）

果形·果色/椭圆形，紫黑色

肉质·糖度/紧实，18°以上

品种来源/由蓓蕾（Bailey）和玫瑰香（Muscat Hamburg）杂交育成

特征/酸甜度适中，含有少量玫瑰气味，味道极佳。气味浓厚且糖度高，品质良好。抗病性好，果皮容易着色，丰产，适合新手栽培。近几年，该品种于开花前后使用赤霉素而收获的无核果实。可鲜食，也可用于酿酒。

栽培要点/无须采用避雨措施，但其叶片易染病，所以果实必须套袋。

先锋（Pione）

难易度 ★★★ 欧美杂交种

收获期/8 月下旬至 9 月上旬

单粒重/12～18 克（大粒至巨大粒）

果形·果色/短椭圆形，紫黑色

肉质·糖度/紧实，17°～18°

品种来源/由巨峰和加侬玫瑰杂交育成

特征/四倍体品种。果穗大小与巨峰相近，肉质比巨峰更紧实，口感浓厚美味。

栽培要点/栽培过程中需观察其着色变化。使用赤霉素处理可增大果粒，还可诱导形成无核果实。开花期结束后第一次使用赤霉素（12.5毫克/千克），开花期结束10～15天后第二次使用赤霉素（25毫克/千克）。

---

* 单粒重小于 3 克为小粒，3～8 克为中粒，8～13 克为大粒，13～20 克为巨大粒，大于等于 20 克为特大粒。

斯托本早生（布法罗）

难易度 ★★★ 欧美杂交种

收获期/8月上旬
单粒重/5 ～ 6克（中粒）
果形·果色/短椭圆形，紫黑色
肉质·糖度/细脆，17°～ 18°
品种来源/由赫伯特和金丝杂交育成
特征/二倍体品种。酸度适中，香气浓郁。果肉多汁、果皮厚实且容易剥离。不易出现落花、裂果和脱粒现象。
栽培要点/无须采用避雨措施，但果实必须套袋。适合在寒冷地区栽培，特别是在北海道。比玫瑰露葡萄早成熟3 ～ 4天，经赤霉素处理后可收获无核果实。

藤稔

难易度 ★★★ 欧美杂交种

收获期/8月中旬至9月中旬
单粒重/18 ～ 22克（巨大粒至特大粒）
果形·果色/短椭圆形，紫红色
肉质·糖度/细脆，17°～ 18°
品种来源/由先锋和井川682杂交育成
特征/果粒巨大，外观与巨峰相似。果皮与果肉容易分离，但果粒不易脱落。果汁丰富，风味极佳。
栽培要点/对土质与种植区域要求不高，容易栽培。不像巨峰或先锋那样枝干过长，即使大范围修剪枝干也不会造成落花落果，故不需要特殊的修剪技术。

东方之星

难易度 ★★★ 欧美杂交种

收获期/8月下旬

单粒重/12 ~ 14克（大粒至巨大粒）

果形·果色/短椭圆形，紫红色至紫黑色

肉质·糖度/紧实，20°

品种来源/由安艺津21和奥山红宝石杂交育成，是阳光玫瑰（见26页）的姐妹品种

特征/二倍体品种。糖度高，酸涩口感较少。虽然没有香味但同阳光玫瑰品种的口感相同。抗病能力强，几乎不会出现裂果，易贮运。

栽培要点/与阳光玫瑰一样，使用2次赤霉素即可轻易收获大粒的无核果实。

黑色甜菜（Black Beet）

难易度 ★★★ 欧美杂交种

收获期/7月下旬至8月上旬

单粒重/15 ~ 18克（巨大粒）

果形·果色/短椭圆形，紫黑色

肉质·糖度/硬脆，16° ~ 17°

品种来源/由藤稔和先锋杂交育成

特征/四倍体品种。果粉多，果粒大。虽没有先锋口感醇厚，但多汁且口感清爽。果皮厚且裂果少。

栽培要点/使用2次赤霉素可轻易收获大粒的无核果实。容易提前着色，所以收获时不能通过果皮颜色判断其是否成熟，而应依据果实的口感。

15

黑蜜（安艺津12）

难易度 ★★★ 欧美杂交种

收获期/ 8月下旬至9月上旬

单粒重/ 每粒10～14克（大粒至巨大粒）

果形·果色/ 短椭圆形，青紫色

肉质·糖度/ 硬脆，23°

品种来源/ 由巨峰自交实生苗中选育而成

特征/ 比巨峰更上等的品种，含糖度高，有香味，口感佳。果汁较多，容易入口。

栽培要点/ 经甲哌鎓处理后，可防治落花落果。使用氯吡脲可达到催肥果粒的目的。耐寒，适合在寒冷地区栽培。

安艺无核

难易度 ★★★ 欧美杂交种

收获期/ 8月下旬至9月中旬

单粒重/ 3～5克（中粒）

果形·果色/ 短椭圆形，紫红色至紫黑色

肉质·糖度/ 紧实，18°～19°

品种来源/ 由蓓蕾玫瑰A和希姆劳特杂交育成

特征/ 无核果实。开花良好且不会出现落花落果，产量可与蓓蕾玫瑰A媲美。易着色，果粉多，外观漂亮，在观赏果园里也颇具人气。

栽培要点/ 在日本境内均可栽培。由于容易脱粒，不易贮运，因此适合家庭栽培或直销。

高墨

难易度 ★★★ 欧美杂交种

收获期 / 9月中下旬

单粒重 / 13 ~ 15克（巨大粒）

果形·果色 / 短椭圆形，紫黑色

肉质·糖度 / 较硬，17° ~ 18°

品种来源 / 由巨峰品系中选育而成

特征 / 四倍体品种。比巨峰早熟10 ~ 15天，几乎不会出现红熟现象。果皮颜色同墨汁的颜色一样，着色均匀，又因原产地为日本高畑，故得名高墨。高墨不输巨峰，其果粒大且饱满，肉质较硬，含糖量高，口感极佳。

栽培要点 / 可露地栽培。

北黑

难易度 ★★★ 欧美杂交种

收获期 / 8月中下旬

单粒重 / 4克（中粒）

果形·果色 / 短椭圆形，紫黑色

肉质·糖度 / 较硬，16° ~ 18°

品种来源 / 由塞尼卡和康拜尔早生杂交育成

特征 / 有玫瑰香气，果汁丰富，果皮和果肉易分离。落花极少，无裂果，果柄和果粒易分离。抗寒性强，在日本东北地区及北海道南部地区作为替代康拜尔早生的品种，备受瞩目。

栽培要点 / 落花极少，树势较弱，但抗病性较好，容易栽培。

紫苑

难易度 ★★★ 欧亚种

收获期/9月中下旬

单粒重/每粒10~12克（大粒至巨大粒）

果形·果色/短椭圆形，紫红色

肉质·糖度/硬脆，18°以上

品种来源/由甲斐路和红亚历山大杂交育成

特征/二倍体品种。有玫瑰香气，口感优于巨峰，果汁较少但是糖度高，肉质上乘。易长时间贮存，落花落果及裂果现象轻。

栽培要点/抗病性强，可露地栽培，但最好还是在大棚或简易避雨棚里栽培。以喷洒波尔多液为主的病害防治方法不可或缺。该品种不易着色。

夏黑

难易度 ★★★ 欧美杂交种

收获期/8月上中旬

单粒重/3克（中粒，经赤霉素处理前）

果形·果色/椭圆形，紫黑色

肉质·糖度/细脆，20°~21°

品种来源/由巨峰和无核白杂交育成

特征/三倍体品种。糖度比巨峰高，口感醇厚且香气浓厚的早熟品种。果皮厚，裂果少。耐寒性、抗病性强，病害防治方法与巨峰大致相同。

栽培要点/可露地栽培，尽量选择设施栽培。盛花期及其后10天，经赤霉素（50毫克/千克）处理2次后可达到增量和催肥的效果。掐去穗尖1厘米，穗长保留6厘米。

康拜尔早生

难易度 ★★★ 欧美杂交种

收获期 / 8月下旬至9月中旬

单粒重 / 5 ~ 8克（中粒至大粒）

果形·果色 / 圆形，紫黑色

肉质·糖度 / 较硬，14° ~ 15°

品种来源 / 由美国康拜尔先生培育而成

特征 / 系日本西部的代表品种。酸甜可口，香气独特。制成果汁，口感极佳。丰产，在北海道也有大面积栽培，耐贮运。

栽培要点 / 适合在较温暖的地方栽培，无须避雨措施，但叶片染病率较高，果实一定要套袋。适时摘心，可防止落花现象。经赤霉素2次处理可收获大粒的无核果实。

巨峰

难易度 ★★★ 欧美杂交种

收获期 / 8月下旬至9月下旬

单粒重 / 12 ~ 13克（大粒至巨大粒）

果形·果色 / 短椭圆形，紫黑色

肉质·糖度 / 较硬，18° ~ 19°

品种来源 / 由石原早生和森田尼杂交育成

特征 / 众所周知，巨峰是露地葡萄之王，是日本享誉世界的大粒葡萄。味甜，有草莓香气，外形和口感都极佳。巨峰和高墨等都具有许多优质改良性状。

栽培要点 / 抗病性强，易栽培，但落花严重。需要适当整形修剪，调整树势，开花前进行花序修剪。

秋铃

难易度 ★★★ 欧美杂交种

收获期/ 9月上中旬

单粒重/ 每粒6克（中粒）

果形·果色/ 短椭圆形，紫红色

肉质·糖度/ 细脆，18°～19°

品种来源/ 由红宝石无核和哈里瑟夫杂交育成

特征/ 无核果实。果皮无涩感，可连皮吃掉。糖度高且酸味适中，口感清爽，适于制作高级甜品。

栽培要点/ 系先天无核，不需要使用赤霉素，比栽培巨峰更省力。需要注意的是土壤温度的变化容易引起裂果。

妮娜皇后

难易度 ★★★ 欧美杂交种

收获期/ 8月中旬至9月上旬

单粒重/ 15～17克（巨大粒）

果形·果色/ 短椭圆形，鲜红色

肉质·糖度/ 细脆，21°

品种来源/ 由安艺津20（红瑞宝×白峰）和安艺皇后杂交育成

特征/ 有草莓和牛奶的香气。外观与巨峰和先锋不同，口感却优于二者。但不易着色，市场上售出的大部分为淡红色，可能是受高温和嫁接苗的影响。

栽培要点/ 盛花期结束10～15天后，经赤霉素（25毫克/千克）处理即可收获无核果实。

高路比（戈尔比、红高峰）

难易度 ★★★ 欧美杂交种

收获期/8月中下旬

单粒重/每粒20克（巨大粒）

果形·果色/圆形，鲜红色

肉质·糖度/紧实，20°～21°

品种来源/由红皇后和伊豆锦3号杂交育成

特征/不易裂果。与巨峰、先锋一样，经赤霉素处理可收获大量大粒无核果实，果穗稳固。

栽培要点/盛花期结束后第一次使用赤霉素（12.5毫克/千克）处理，盛花期结束10～15天第二次使用赤霉素（25毫克/千克）处理。

甜阳光（Sunny Dolce）

难易度 ★★★ 欧美杂交种

收获期/8月下旬

单粒重/10～15克（巨大粒）

果形·果色/短圆形，鲜红色

肉质·糖度/细脆，17°

品种来源/由巴拉蒂和红意大利杂交育成

特征/果皮无涩感，酸甜适中，有青苹果般清爽的气味，可连皮食用。

栽培要点/易感染灰霉病，因此要做好开花期前后的防治工作。树势旺盛，发芽良好。花雄性不育，需经2次赤霉素处理。

安艺皇后

难易度 ★★★ 欧美杂交品种

收获期/8月中下旬

单粒重/13克（大粒至巨大粒）

果形·果色/倒卵形，鲜红色

肉质·糖度/细脆，18°～20°

品种来源/由巨峰自花授粉实生种中选育而成

特征/有独特的浓香味，口感醇厚。果粒比巨峰稍大，即使在温暖地带栽培也容易着色。

栽培要点/该品种在寒冷地区栽培易受冻，并出现落花现象，因此需在盛花期3天后和盛花期10～17天用赤霉素2次处理，才能收获大粒无核果实。

北红（North Recl）

难易度 ★★★ 欧美杂交种

收获期/8月中旬至9月中旬

单粒重/每粒4克（中粒）

果形·果色/圆形，鲜红色

肉质·糖度/柔软，18°～22°

品种来源/由塞内卡和康拜尔早生杂交育成

特征/口感比康拜尔早生更佳，与玫瑰露一样糖度高、酸味少。

栽培要点/对病害、严寒有很强的抗性，枝条生长快，适合寒冷地区栽培。

红山彦

难易度 ★★★ 欧美杂交种

收获期/9月上中旬

单粒重/11～15克（大粒至巨大粒）

果形·果色/圆形，鲜红色

肉质·糖度/脆软，18°～23°

品种来源/先由DXK151和玫瑰露杂交，后与先锋杂交育成

特征/四倍体品种。果皮厚，果皮与果肉易分离。果汁较多且甘甜，酸味少。有独特的浓香气。

栽培要点/耐寒性强且落花少，几乎无裂果，适合寒冷地区栽培。

龙宝

难易度 ★★★ 欧美杂交种

收获期/8月上中旬

单粒重/12～16克（大粒至巨大粒）

果形·果色/椭圆形，紫红色

肉质·糖度/紧实，17°～18°

品种来源/由金玫瑰四倍体和黑潮杂交育成

特征/四倍体品种。果粒大且多汁，果皮与果肉易分离，糖度高，有浓郁香气。落花和裂果现象少，易着色，容易栽培。

栽培要点/与其他的巨大粒鲜红色品种相比更为早熟。虽说裂果少，但仍需注意。

天秀

难易度 ★★★ 欧美杂交种

收获期/8月中下旬

单粒重/12 ~ 15克（巨大粒）

果形·果色/短椭圆形，鲜红色至紫红色

肉质·糖度/软脆，17°~18°

品种来源/由先锋和加侬玫瑰杂交育成

特征/四倍体品种。果粒大且多汁，糖度高，有浓郁香气，容易食用。落花和裂果现象少，容易栽培且易着色。

栽培要点/树势旺盛，应避免强剪，需在开花前固定好果穗。对病害有较强的抗性，容易栽培。

红伊豆

难易度 ★★★ 欧美杂交种

收获期/8月下旬

单粒重/12 ~ 14克（巨大粒）

果形·果色/圆形，鲜红色

肉质·糖度/较软，17°以上

品种来源/由川井667的芽变中选出

特征/四倍体品种，早熟。有草莓香气，肉质上乘，糖度高。耐贮运。

栽培要点/树势旺盛，抗病性强。落花和裂果现象少，果实附着性良好，容易栽培。

金地拉

难易度 ★★★ 欧美杂交种

收获期/7月下旬至8月中旬

单粒重/3 ~ 4克（中粒）

果形·果色/长卵圆形，紫红色

肉质·糖度/较软，17° ~ 20°

品种来源/由早熟红无核和白玫瑰香杂交育成

特征/三倍体品种。有玫瑰香气，果肉皮易剥离，甜度高。比玫瑰露提前10天早熟，果粒也大1.5倍，可以说是改良版的玫瑰露。树势比玫瑰露更为旺盛，也更抗病、丰产，容易栽培。

栽培要点/经赤霉素处理1次可收获中粒的无核果实。

甲斐路

难易度 ★★★ 欧亚种

收获期/9月上旬至10月中旬

单粒重/每粒8 ~ 12克（大粒）

果形·果色/圆锥形，鲜红色

肉质·糖度/软脆，18° ~ 22°

品种来源/由粉红葡萄和新玫瑰杂交育成

特征/果粒硕大，外观漂亮。颜色鲜红且糖度高，具有上乘的玫瑰香气。无裂果，适合露地栽培。

栽培要点/抗病性弱，适应性不强，需择地栽培。

天山

难易度 ★★★ 欧亚种

收获期/8月下旬至9月中旬

单粒重/每粒25～30克（超巨大粒）

果形·果色/长椭圆形，黄绿色

肉质·糖度/硬脆，18°～20°

品种来源/由白罗莎里奥和贝甲干杂交育成

特征/二倍体品种。果皮比濑户甲子更薄，可连皮食用，酸甜适中。无核化处理后，可以使单粒重高达40克。

栽培要点/树势旺盛，需注意枝条修剪。果皮颜色变黄后再收获，忌过早采摘。

阳光玫瑰

难易度 ★★★ 欧美杂交种

收获期/8月中旬至9月下旬

单粒重/10克（大粒，经赤霉素处理后可增至13～14克）

果形·果色/短椭圆形，黄绿色

肉质·糖度/硬脆，17°～20°

品种来源/由安艺津21和白南杂交育成

特征/二倍体品种。果粒大且耐贮存，酸涩感少，可连皮食用。果汁多但果肉硬，有玫瑰香气，口感佳。

栽培要点/经赤霉素处理后可收获无核果实。抗病性强，几乎无裂果，容易栽培。适合选用短梢修剪。

翠峰

难易度 ★★★ 欧洲杂交种

收获期/8月下旬至9月上旬

单粒重/13 ~ 20克（巨大粒）

果形·果色/长椭圆形，黄绿色至黄白色

肉质·糖度/细脆，17° ~ 18°

品种来源/由先锋和森田尼杂交育成

特征/四倍体品种。栽培于多雨温暖地带。用赤霉素处理后可收获巨大粒的无核果实，果粒最重可达20克。果皮薄，与果肉不易分离。中等酸度，无涩感，口感与巨峰系品种相似。裂果少，不易脱粒。

栽培要点/树势旺盛，建议采用避雨栽培。

多摩丰

难易度 ★★★ 欧美杂交种

收获期/8月下旬至9月上旬

单粒重/13克（巨大粒）

果形·果色/短椭圆形，黄绿色至黄白色

肉质·糖度/半脆软，17° ~ 20°

品种来源/由白峰的自然杂交选育而来

特征/四倍体品种。果粒比巨峰大一圈。多汁且爽口，香气淡雅。大粒青葡萄品种中少有的可露地栽培的品种。

栽培要点/剪去花序先端部分约4厘米（保留尾部），盛花期间和盛花期10天后分别使用25毫克/千克赤霉素处理1次，可轻松收获优质无核果实。

甜蜜维纳斯（Honey Venus）

难易度 ★★★ 欧洲杂交种

收获期 /8 月中下旬

单粒重 /9 克（中粒偏大）

果形·果色 / 短椭圆形，黄绿色

肉质·糖度 / 软硬适中，21°

品种来源 / 由红瑞宝和奥林匹亚杂交育成

特征 / 发芽、开花期、收获期与巨峰同期，但糖度比巨峰高2°。树势旺盛，因此不易落花，结果性良好。

栽培要点 / 耐寒性强，不易裂果，可在寒冷地区栽培。但需注意预防炭疽病和霜霉病。

蜜无核

难易度 ★★★ 欧美杂交品种

收获期 /8 月下旬

单粒重 / 每粒4 ~ 5 克（中粒）

果形·果色 / 圆形，黄绿色

肉质·糖度 / 柔软，21°

品种来源 / 由康可无核和巨峰杂交育成

特征 / 三倍体品种。树势旺盛，新梢长势很快，易成熟。果粒小，香气浓郁，糖度高。

栽培要点 / 赤霉素处理不可或缺。落花后最好立即进行1次赤霉素（100毫克/千克）处理，可促使果粒增多、变大，果穗可重达250 ~ 350克。

白罗莎里奥

难易度 ★★★ 欧美杂交种

收获期/9月上中旬

单粒重/12 ~ 13克（大粒至巨大粒）

果形·果色/倒卵形，黄绿色

肉质·糖度/软硬适中，19°~ 20°

品种来源/由Rozaki和亚历山大麝香杂交育成

特征/二倍体品种。能与亚历山大麝香匹敌的高级品种，同时又是早熟容易栽培的青葡萄。树势旺盛。果肉多汁且口感良好。

栽培要点/应控制氮肥使用量，避免枝叶过于繁茂。可露地栽培，也可设施栽培。

濑户甲子（桃太郎葡萄）

难易度 ★★★ 欧美杂交种

收获期/9月上中旬

单粒重/20克（特大粒）

果形·果色/倒卵形，黄绿色

肉质·糖度/软脆，18°~ 20°

品种来源/由Gousal Kara和新玫瑰杂交育成

特征/二倍体品种。糖度高，虽无香味但是多汁美味，可连皮食用。裂果少。

栽培要点/一般单穗重800 ~ 1 000克，每穗留果40粒左右。幼树时易形成徒长蔓，要控制水肥。萌芽至开花期，幼枝易脱落，要及时绑缚枝条。经2次赤霉素处理可收获巨大粒的无核果实。

新玫瑰

难易度 ★★★ 欧亚种

收获期/9月中旬至10月上旬

单粒重/7～8克（中粒至大粒）

果形·果色/椭圆形，黄白色

肉质·糖度/紧实，17°～23°

品种来源/由亚历山大麝香和甲州三尺杂交育成

特征/品质上等，有玫瑰香气，丰产。果皮厚且强韧，耐贮运。

栽培要点/避免结果过多和采摘过早。可露地栽培。

亚力山大麝香

难易度 ★★★ 欧洲品种

收获期/9月下旬至10月上旬

单粒重/10克（中粒至大粒）

果形·果色/长椭圆形，黄绿色

肉质·糖度/软脆，18°～20°

品种来源/原产埃及

特征/二倍体品种。浓厚的玫瑰香，耐贮藏，品质上来。温室栽培的代表品种，在日本冈山县广泛栽培。可鲜食，也可用来酿酒。

栽培要点/虽然树势旺盛，但在日本不适合露地栽培。

尼亚加拉（水晶葡萄）

难易度 ★★★ 欧美杂交

收获期/8月下旬至9月上旬

单粒重/3克（中粒）

果形·果色/圆形，黄绿色

肉质·糖度/块状，14°～15°

品种来源/由康科德和卡萨迪杂交育成

特征/广泛栽培的青葡萄品种。适合在寒冷地区栽培。树势旺盛，耐寒，抗病，容易栽培。因其糖度高、香气独特深受人们喜爱。多用于日本红酒的生产，生产的红酒口味清爽容易入喉，深受女性喜爱。

栽培要点/若用于鲜食，应适当控制产量并于成熟后收获。

圣保罗德（San Verude）

难易度 ★★★ 欧美杂交品种

收获期/8月下旬至9月中旬

单粒重/14克（巨大粒，经2次赤霉素处理后）

果形·果色/椭圆形，黄绿色

肉质·糖度/软脆，20°～21°

品种来源/由黑峰和森田尼杂交育成

特征/四倍体品种。糖度高，酸味较少，无涩感。裂果少，抗病强，比较容易栽培。主要在日本东北以南地区栽培。

栽培要点/开花后，不易落花，但果实表面容易出现果锈。需用赤霉素处理2次，第一次使用赤霉素后摘除花冠即可。

31

酿酒葡萄的主要品种

若想制作酒精度小于1%的葡萄酒，可在家中亲手制作（见98页）。

玫瑰露或巨峰都是鲜食品种，不适合制作葡萄酒。这些品种的糖度高且果汁丰富，人们可能认为它们能做出美味的葡萄酒，但其实并非如此。

制作葡萄酒应该选择果皮厚、肉质紧实、果粒小的品种，并且最好是入口后大喊"太酸了！"。

在此介绍几款世界上用于酿酒且大规模生产的代表品种。

酿造红葡萄酒的主要品种

阿尔莫（Armoire）

难易度 ★★★　日本

收获期/9月下旬至10月上旬

单粒重/2克（小粒）

果形·果色/短椭圆形，紫黑色

肉质·糖度/较紧实，18°～19°

品种来源/由赤霞珠和茨威格杂交育成

特征/2009年3月更名为红酒专用品种阿尔莫比诺。酒的颜色深，丹宁含量适中，口感柔和，有水果香味。

栽培要点/日本境内均可栽培。值得一提的是，此品种耐寒性强，可在日本北海道和东北地区等寒冷地区栽培，在上述地区栽培出的葡萄的酸味适中、酒色深浓，而且糖度较高。

黑宝石（Bijou Noirz）

难易度 ★★★　日本

收获期/9月上旬

单粒重/2～3克（小粒）

果形·果色/短椭圆形，紫黑色

肉质·糖度/较紧实，22.4°

品种来源/由甲州三尺和美乐杂交后，再与马尔贝克杂交育成

特征/2006年日本农林水产省登记在册的红酒专用品种。原品种名取意为"可制作品质上等红酒的葡萄"。酒的酸度低且顺滑，口感醇厚，品质上乘。

栽培要点/抗病性好，耐寒性强，日本境内均可栽培。

凯诺尔（Kai Noir）

难易度 ★★★ 日本

收获期/10月上旬

单粒重/2克（小粒）

果形·果色/短椭圆形，深黑色

肉质·糖度/较紧实，22°

品种来源/由黑皇后和赤霞珠杂交育成

特征/酒质上乘，与蓓蕾玫瑰A相比，香气、口感、味道方面都更优质，再加上用其所酿的红酒酒色深且好看，该品种受到高度评价。另外还可用于和其他品种混酿。

栽培要点/耐寒性一般，除了北海道和东北地区等极度严寒的地区以外，几乎均可栽培。原则上使用普通的病害防治技术即可，但还需特别注意葡萄炭疽病。注意控制产量以确保酸度和着色。

Yama Sauvignon

难易度 ★★★ 日本

收获期/9月下旬

单粒重/2～3克（小粒）

果形·果色/短椭圆形，深黑色

肉质·糖度/较紧实，22°

品种来源/由山葡萄和赤霞珠杂交育成

特征/有赤霞珠不具备的独特香气和味道。深紫色果皮，特别是在严寒地区果皮颜色变得更深。

栽培要点/抗病、耐寒性强，容易栽培。具有两性花，即使是在一根结果枝上也能结果，特别推荐给对酿造山葡萄酒有兴趣的朋友。另外，若用于鲜食，需延长挂果时间，待完全成熟时食用，十分美味。

赤霞珠

难易度 ★★★ 法国

世界著名红酒专用品种，所酿红酒在世界各葡萄酒产地都是主流品牌。该品种能酿造出香气浓郁、口感醇厚的葡萄酒，近年来日本也在扩大其栽培面积。真正的赤霞珠酿造的葡萄酒可陈放10～20年或更久。

美乐

难易度 ★★★ 日本

法国波尔多地区红酒专用主力品种，还可与赤霞珠等品种混酿。其独特的香气深受人们喜爱，并把其比作"紫罗兰"。在日本栽培时间长且产量高，近年来栽培面积不断扩大。

黑皮诺

难易度 ★★★ 法国

法国勃艮第地区代表性的红酒专用品种。近年日本也开始在北海道等地扩大栽培面积。香气浓郁，口感细腻，深受人们喜爱。罗曼尼·康帝红酒、哲维瑞·香贝丹等名酒都是用此品种酿造而成。

品丽珠

难易度 ★★★ 法国

法国红酒专用品种，口感醇厚，充满个性。主产地在法国波尔多地区，比赤霞珠更耐寒，也更早熟，并可用于混酿。

黑皇后

难易度 ★★★ 日本

日本葡萄酒之父——川上善兵卫先生培育出的珍贵日本酿酒专用品种。成熟期晚，但是丰产。酒体较薄，容易入喉。与蓓蕾玫瑰A、甲州并称日本三大酿酒专用品种。

蓓蕾阿利坎特 A（Bailey Alicante A）

难易度 ★★★ 日本

川上善兵卫先生育成的日本专用酿酒品种。树势旺盛，抗病、耐寒，容易栽培。不仅果皮，连果肉也呈红色，9 月上旬，果肉成熟变成深黑色，着色变成红色时被用于酿酒，酒质上乘。

S-13053

难易度 ★★★ 法国

法语名叫"蛋糕"。由赛必尔先生培育而成，作为酿酒专用品种引入日本，适合栽培于北海道等寒冷地区。其外观与山葡萄类似，枝条发育快，早熟，容易栽培。作为一般的葡萄酒原料，在日本各地都有栽培。

茨威格（Zweigert）

难易度 ★★★ 奥地利

由蓝佛郎克和圣罗兰杂交育成的酿酒专用品种。用其酿造的红酒颜色稍显清淡，但是香味浓厚。糖度高，丰产，品质上乘，抗病强。日本也有引进，耐寒性强并且早熟，北海道等寒冷地区有栽培。

西舍尔

难易度 ★★★ 法国

在葡萄酒酿成初期很容易入口，在陈年后口感变得更厚实。该品种在法国罗纳河谷产区十分有名，在美国加利福尼亚州、澳大利亚也有广泛种植。

山葡萄

难易度 ★★★ 日本

近年来由于人们健康意识增强，对天然有机食品的关注度也越来越高。因山葡萄可无农药栽培，红酒生产商对其需求量大增，普通家庭的需求量也逐渐增多。一般来说，山葡萄大多雄花会退化，为了获取产量，应混种授粉树。

酿造白葡萄酒的主要品种

白甲斐

难易度 ★★★ 日本

收获期/9 月中旬
单粒重/2 ～ 3 克（小粒）
果形·果色/圆形，黄绿色至淡红色
肉质·糖度/较紧实，19°
品种来源/由甲州和白皮诺杂交育成
特征/果穗约重 220 克。酒质优，有浓郁的水果香味，酸味醇厚，可酿成白葡萄酒。容易栽培。

圣赛美蓉（Sun Semillion）

难易度 ★★★ 日本

收获期/8 月下旬
单粒重/3 ～ 5 克（中粒）
果形·果色/短椭圆形，黄白
肉质·糖度/较紧实，21°
品种来源/由笛吹和 Glow Semillon 杂交育成
特征/果穗约重 390 克，属大串品种。酒体纯正，口感结构良好，有水果香味，可酿制上乘的白葡萄酒。

霞多丽
难易度 ★★★ 法国

　　法国勃艮第地区主要的白葡萄酒专用品种。用其酿造的葡萄酒有清爽的酸味。世界各葡萄酒产地均有栽培。法国名酒夏布利、唐培里侬、蒙哈榭以及默尔索等均是由此品种酿造而成。

赛美蓉
难易度 ★★★ 法国

　　法国波尔多地区主要的白葡萄酒专用品种。特别是苏代区，以生产贵腐白葡萄酒著名。晚熟品种，果皮白黄色，丰产。日本也有相当大范围的栽培，但要注意其耐寒性稍弱。

S-9110
难易度 ★★★ 法国

　　法国Seibei系列品种，其法国名为"Velle Deley"。日本山形县的藏王山麓上有广泛栽培。用其酿造的葡萄酒口感清爽，在女性消费者中很有人气。北海道南部均可栽培。用赤霉素处理后的无核果实，可直接食用，人们亲切地称之为"早生白葡萄"。

S-5279
难易度 ★★★ 法国

　　法语名为"极光"。特早熟，果粒大，果皮白黄色，丰产。耐寒性强，北海道等严寒地区也有普遍栽培，由于容易栽培且产量高，已作为常用白葡萄酒品种在日本大面积推广。

白皮诺
难易度 ★★★ 法国

　　酿造法国白葡萄酒的主力品种。早熟且耐寒，容易栽培、丰产。用其酿造的白葡萄酒口感清淡。

威士莲
难易度 ★★★ 德国

　　酿造德国白葡萄酒的主力品种。世界各葡萄酒产地均有栽培。用其酿造的葡萄酒芳香浓厚，口感清爽。另外，用其酿造的贵腐白葡萄酒也很有名。

米勒
难易度 ★★★ 德国

　　酿造德国白葡萄酒的品种，其品质超越了其亲本威士莲。用其酿造的葡萄酒有新鲜水果的香气。因其容易栽培，在日本的栽培面积正在扩大。

肯纳
难易度 ★★★ 德国

　　由特罗灵格和威士莲杂交育成的新品种。因其耐寒性强，在北海道的栽培面积正在扩大。用其酿造的葡萄酒糖度高，酸味也纯正，有独特的香味。

长相思
难易度 ★★★ 法国

　　原产法国波尔多地区，世界各地都有栽培。该品种有青草的香气，因其口感清爽以及香气独特，被用于酿造高端白葡萄酒——达格诺。近年，此品种再次受到人们关注，在日本的栽培面积也在扩大。

巴克斯
难易度 ★★★ 德国

　　由西万尼和威士莲杂交育成的新品种。用其成熟的果实酿造的葡萄酒有独特的香气和饱满的口感。早熟品种，有很强的耐寒能力。近年，北海道地区扩大了其栽培面积。

葡萄灰霉病造就贵腐酒

将葡萄汁里的糖全部转换成酒精就变成了葡萄酒，若保留一部分糖就变成了甜葡萄酒。

此外，欧洲常生产一种高端葡萄酒，叫"贵腐酒"，其糖度高，且口感柔和、醇厚。其原料葡萄因受到灰霉病病原菌的侵染，葡萄的糖度比普通葡萄高出近1倍（糖度为30°～35°）。

灰霉病病原菌不仅侵染葡萄，也常侵染其他果树和蔬菜。被该病原菌侵染的葡萄是无法直接食用的，但却可用其酿造美味的葡萄酒。

为什么葡萄感染了灰霉病却能用于酿酒呢？那是因为灰霉病病原菌可软化葡萄果皮，加速水分蒸发，从而浓缩果实中的糖分。

但是，若葡萄采用人工干燥，即使浓缩了果实中的糖类，也不能酿造出贵腐酒。必须在自然温度和湿度条件下，同时在病原菌的作用下产生微妙的化学反应，才能酿造出贵腐酒。

在欧洲等地，只有降水少、空气湿度低的地方才能栽培贵腐葡萄。请不要忘记这一点。

在自然条件下被葡萄灰霉病病原菌 *Botrytis cinerea* 侵染的葡萄（贵腐葡萄）

第 3 章

选苗·移栽·搭架

栽培葡萄能否成功很重要的一个关键环节是选择良苗和创造避雨条件。本章将会对移栽的前期准备工作、庭院栽培葡萄、盆栽葡萄、搭架方式和制作绿植窗帘进行详细解说。

移栽准备

选择栽培环境

选择栽培环境是栽培葡萄的基础准备工作。在此，试着从光照、避雨条件、栽培空间出发，选择合适的栽培环境。

选择向阳的场所

葡萄为喜光树种，对光反应敏感，因此选择良好的向阳环境是非常重要的。生长前期光照不足影响花芽分化；开花期前后光照不足影响开花与坐果；果实生长期光照不足生长量易受到限制，同时也易诱发病害；着色成熟期光照不足影响果实着色与品质。在葡萄着色对光的需求方面，不同品种表现差异很大。通常巨峰、康拜尔早生等品种在散射光情况下也易着色，而有些品种只在直射光下才着色。

虽说如此，葡萄也不能从日出到日落一刻不停地沐浴阳光，尤其夏季要避免炙热的西晒。葡萄的叶子被晒时间太长会加快自身蒸腾作用，导致叶片萎蔫，因此需要适当遮阴。

葡萄生长最理想的光照环境是早晨充分吸收阳光，傍晚5时左右移至背阴处。若选择盆栽葡萄，可以把盆栽移至适合葡萄生长的光照环境。但若选择庭院栽培或大型盆栽的话，就无法移动了。

选择可架设避雨设施的场所

葡萄花期及果实生长期常遇高温多湿天气，特别是抗病性较差的欧洲葡萄，被雨水淋到，容易被雨水中的病原菌侵染，极易使葡萄感病。架设避雨设施，就可以使雨水不落在葡萄上及果园中。这样可降低果园中土壤水分和空气湿度，创造不利于病原菌繁殖的条件，可有效减轻病害的发生和危害，同时还可以提高坐果率、减轻裂果、提升品质。

阳光玫瑰葡萄

避雨设施要选择透光性好的材料

避雨设施要尽可能选用透光性好的材料来搭建棚顶，最好能覆盖到所有葡萄树。如果选择能避雨但透光性差的材料，也无法栽培出美味的葡萄。

一般来说，我们会选择乙烯基树脂、聚乙烯以及聚丙烯（PP）等薄膜材料，有条件的可选择用于制作车棚棚顶的玻璃或用于制作屋顶材料的强化聚乙烯薄膜。

若屋檐的高度与棚顶基本一致，并且达到采光条件的话，那么屋檐也可作为避雨设施。

用强化聚乙烯薄膜做棚顶。葡萄顺着横向铁丝蔓延至整个棚架

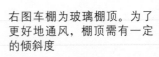

右图车棚为玻璃棚顶。为了更好地通风，棚顶需有一定的倾斜度

设计好栽培空间

试着想象一下应该如何搭建葡萄架、如何规划结果位置。另外，还需要考虑结果的葡萄是否能充分享受光照。设计规划图，准确计算栽培葡萄需要的空间。

设计好栽培空间的长、宽、高后，就要开始搭建栽培空间了。

小空间就选择盆栽葡萄

选择盆栽葡萄，至少需要宽100厘米、深50厘米、高130厘米的空间。

虽说是小空间，只要光照环境好，也可以栽培出优质的葡萄。

若能确保上述的空间，移栽第三年开始，四倍体葡萄能收获果实6串左右，二倍体葡萄则能收获10串左右。当然，空间越大产量也越多。

选择盆栽葡萄，若选用80升大型盆具，采用10米^{2}双臂篱架，那么树冠能伸展至2米高、4米宽，产量也会迅速提高，四倍体葡萄能收获30串葡萄，二倍体葡萄能收获50串葡萄。

用宽90厘米的黏土纤维材质的盆具栽培2段垂直支架支撑的蓓蕾玫瑰A（移栽第三年的夏季）

大空间就选择庭院栽培

选择庭院栽培，如果把贫瘠的土壤改良为富含有机物的肥沃土壤，树冠的生长范围和产量将会大幅度提高。

将土壤改良为理想状态后，每 100 米^2 定植 10 株的话，第三至四年，就会收获满院的葡萄了。四倍体葡萄的产量可达 2 吨，二倍体葡萄的产量可达 3 吨。

选择品种

人们一般会依据自己的喜好选择相应葡萄品种，有的人想栽培自己尝过的最美味的葡萄品种，有的人想栽培传说中很难入手的葡萄品种。直接食用也好，酿酒也罢，或者两者兼用，又或者酿造果汁。与家人商量栽培葡萄的目的，也是乐趣之一。

寒冷地区的种植者，请优先考虑适合该地区栽培的耐寒品种，再考虑自己的喜好。

选购优质苗木

栽培葡萄若想有好的收成，优质苗木是关键。苗木一般分为嫁接的裸根苗木和扦插的带土球苗木。

嫁接苗木所使用的砧木有两个系列，一个是主要用于温室栽培和盆栽的 Iburihuran 系列。另一个是主要用于庭院栽培的 Teleki 系列。市面上一般流通的是 Teleki 系列，主要有 5BB、SO4 等。

庭院栽培推荐使用嫁接苗木

根据不同的栽培环境选择嫁接苗木或扦插苗木。庭院栽培时，选择嫁接苗木对抵抗根瘤蚜有重要作用。选择盆栽时，嫁接苗木或扦插苗木都可以。但最近嫁接苗木除了可防治根瘤蚜，还可适应各种土壤并且提高果实品质。因此，推荐选择嫁接苗木。

合格苗木要求有 5 条以上完整根系、直径 2 ~ 3 毫米的侧根。苗木剪口直径 5 毫米以上，完全成熟木质化，有 3 个以上的饱满芽，无病虫害。嫁接苗木的嫁接口要完全愈合无裂缝。苗木准备好后要立即栽植，若不能很快栽完，可用湿麻袋或草帘遮盖，防止抽干。

绝对不要选购以下苗木

● 无检验标识的苗木

众所周知，苗木需要有检验标识。若标识只是单纯地记载着"黑葡萄""红葡萄"，或者某一葡萄系列名称，此类苗木是不合格的。

另外，根据日本《种苗法》，登记在册的品种只有得到检验和授权，才能由苗木经销商进行销售，没有附检验标识的苗木不可以购买。

一年生嫁接苗木

● 颜色发青且枝条松软的苗木

嫁接苗木于11月底左右枝条成熟就进入起苗期。但是，过早地起苗，其枝条还处于颜色发青且枝条松软的阶段，定植这样的苗木，会导致苗木生长后期长势过弱。

● 枝条的横断面为扁平的苗木

生长过程中光照环境不佳的苗木或用原本长势过弱的母树摘取的嫁接枝，其横断面为扁平状（65页葡萄枝的横断面图中的左图）。据统计，这类苗木即使结果也很难收获高品质的果实。

培育中的扦插苗木

● 须根少的苗木

须根少的苗木在早期生长过程中的长势会很弱，根系蔓延效果差。

避免选购以上介绍的"劣质苗木"，请选购长势好的健康苗木。

订购苗木的途径和时间

实体店或网络平台均可订购到苗木，建议从信誉好的正规苗木经销商或公司购买。

随时都可以订购苗木，但裸根苗木一般选择11月至翌年5月为宜，带土球苗木则全年都可。

选购建棚材料

选择搭建棚架

家庭栽培可以用凉亭、车棚、屋顶平台等当棚架，另外还可用铁管、支柱和铁丝搭建平棚。

另外，利用车棚搭建葡萄棚（见40页），应控制平棚和屋檐之间的空隙。若太狭窄，屋檐处会堆积热量，易导致葡萄果实因高温而灼伤。两者的间隙最少为50厘米。为了使棚内通风良好，设计时棚顶应有一定倾斜度。

塑料大棚内，由铁管支柱和铁丝制作的平棚

在日本冈山县常见"隧道式网状大棚",这种大棚并不会覆盖住全部树冠,但可以防止果实和结果枝淋雨。

冈山县常见的简易避雨设施——隧道式网状大棚,仅覆盖结果枝和葡萄果穗

若大面积地栽培,简易大棚将无法承受葡萄树和果实的重量。例如栽培面积33米^2,葡萄树和果实的重量有100千克左右。超过此重量,就需要请专业人员来设计棚架了。

盆栽所需工具和材料

[盆器]一旦决定好栽培空间,就要选择适合该空间的盆器,最好是稍大点的盆器。

盆器越小,葡萄树根将会越早布满盆内,这样每年都必须移栽和换盆,工作量将会增加。

若栽培1~2年请选择控根盆(直径30厘米),等盆内植株长大后再移栽至更大的盆器中。定植盆推荐选择素烧红陶盆,或透气性好、轻便结实的黏土纤维材质的盆。

以上盆器均可在园艺店选购，也可去信用度高的葡萄苗木经销商或种苗公司购置。

[**修枝剪刀**] 用于修剪果穗、拉宽果粒的间隔和摘心等。

[**绑枝器具**] 绑枝机、PE绷带，使用绑枝机可轻松进行绑枝工作；绑枝用的PE绷带是见光易分解的材料，不会产生垃圾，操作方便。

[**支柱**] 移栽苗木时，用于支撑苗木。

[**钢丝**] 搭建大棚时必须用到的材料，请使用能够承受树重的结实牢固的钢丝。

[**果实保护袋或保护伞**] 保护果实不受雨水的冲刷和鸟类的侵害。

[**药剂喷雾器**] 选择合适的药剂喷雾器。

果实保护伞

绑枝机

控根盆（带孔，直径30厘米）

黏土纤维材质的正方形盆器（40厘米×40厘米×40厘米）

黏土纤维材质的矩形盆器（长90厘米×宽45厘米×高60厘米）

素烧红陶盆

庭院栽培

移栽前的试栽

嫁接苗木到货后，应将其根部在水中浸泡一夜，使其充分吸收水分。为防止日后忘记品种名和购买日期，苗木到货后应将准确的品种名、购买日期等信息记录在标签上，并将其挂于苗木上，以便日后有据可依。

苗木到货后，若离秋季（11月下旬至12月中旬）或春季（2月中旬至3月上旬）还有一段时间，可暂时移栽至花盆或庭院中（试栽场所）。试栽场所需要良好的排水和光照条件，最好是肥料分量看起来较少的土壤环境。这是因为还未成熟的堆肥等进入到土壤中，会造成葡萄树的根因感染病原菌导致腐烂。

若购买多株苗木，可把每株苗木并排倾斜地插入土壤中，再充分地浇水。有些地区的土地会有冻害的情况发生，需要用稻草、报纸、纸箱壳等覆盖预防。

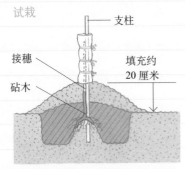

试栽

支柱

接穗

砧木

填充约20厘米

用4～5层报纸包裹苗木，并将其捆在支柱上防寒，3月撤除即可

挖种植穴

观察葡萄的苗木，就会发现苗木根部几乎由须根组成，很难较快地蔓延至土壤深层，一般只延伸至接近土表。事实上，葡萄根部要花数年才能在土壤中蔓延至将近1米深。

尽量深挖种植穴

移栽第一年，穴的直径1米、深度30厘米。第二年，根部就会完全蔓延至穴底。因此在移栽时，最好挖直径2米、深度80厘米的穴，这样就无后患之忧。

若无法满足上述穴的条件也可以栽培。在受限空间内，尽可能地挖大穴。因为地表上的树冠将不怎么生长，扩张也将受限。

移栽前一个月挖种植穴

选择栽培嫁接苗木，若是要赶上秋植（11月下旬至12月中旬）（降雪地区要在降雪前），就需要在11月初挖好种植穴。若是春植（2月中旬至3月上旬），那么1月就需要挖好种植穴。

相对温暖的地区也可选择秋植，相对寒冷的地区选择春植（比温暖地区晚1个月左右）。

理想种植穴的大小

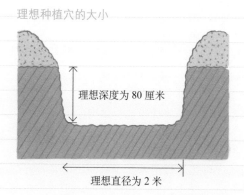

理想深度为 80 厘米

理想直径为 2 米

受限空间种植穴的大小

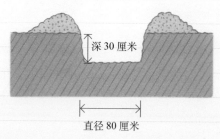

深 30 厘米

直径 80 厘米

改良土壤

根据移栽场所的土壤状况选择改良土壤的方式，有利于提升土壤肥力、改善土壤排水和蓄水条件，使葡萄的根系容易蔓延且易吸收肥料和水分。

如果杂草等植物蔓延，首先应先清除全部杂草等植物（其根系也要清除），并除去阻碍根系生长的石块、瓦砾等。同时，找出庭院中土壤存在的问题，并予以解决。

提升土壤肥力

如果土壤贫瘠，可以在土壤中混入泥炭、腐叶土和腐熟堆肥来改良土壤，注意上述三种基质的比例最多各不超过20% ~ 30%。

此时，加入的堆肥，必须是完全腐熟的。

使用未成熟的堆肥，夏季遇热之后堆肥开始发酵，产生的热量会灼伤根系，严重时会导致枯死。因此，选购堆肥时一定要向店家确认是否是完全腐熟的堆肥。

改善土壤排水和蓄水条件

排水性不好的土壤，不要深挖穴，把周围的土填补进来或者从别处挖些新土（也叫客土）进行换土。穴挖至20厘米左右，再进行客土栽植。此外，也可加入河沙、火山岩（高级盆景专用土）等基质改良排水条件。

相反，土壤蓄水条件不良，可于土壤中混用保水性较好的蛭石、泥炭以及珍珠岩来改善蓄水条件。

上述用于改良土壤排水和蓄水的材料，按5% ~ 20%的比例加入土壤之中。

第一年冬季，改良土壤的作业

改良土壤并不局限于花岗岩含量较多的地区。近来住宅区在建地基时，大多混入了混凝土以及废弃瓦砾等建筑垃圾。首先必须清除阻碍根系生长蔓延石块、瓦砾等，接着改善土壤排水和蓄水条件，最后加入完全腐熟的堆肥，这才算是完成了基本的土壤改良改良土壤有时还需调整土壤的酸度。酸度强的土壤，加入生石灰使其变为中性或弱碱性，一株葡萄树约需500克生石灰。另外，栽培后再加入磷肥，很难出成果。因此，移栽时每株葡萄需在土壤中加入磷肥30克。

将上述材料混合于土壤后再移至种植穴内。

至此，移栽的土壤改良环节就完成了。

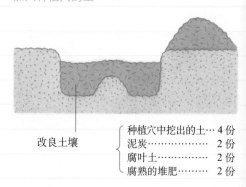

加入种植穴的土

改良土壤

种植穴中挖出的土… 4 份
泥炭……………… 2 份
腐叶土…………… 2 份
腐熟的堆肥……… 2 份

土质恶劣，可用火山灰土或细沙土等替换

土质恶劣，用新土替换

如果栽培场所的土壤条件恶劣（黏土或混入石块、瓦砾的土），最好用火山灰土或细沙土等进行完全替换。

移栽苗木

移栽裸根苗木时，应在移栽的前一天将苗木根系在水中浸泡（24小时），使其充分吸收水分。移栽带土球苗木时，也要将整个土球部分浸泡于水中24小时。

重挖种植穴，穴的中央比周围稍高一些形成一个小山状，可避免深植，使根部均衡地生长蔓延。裸根苗木的根部会以小山为中心向四周均衡地蔓延，但是根部前端会出现干燥受伤现象，此时要剪断根梢的1/3后，再重新移栽。

此操作由一人进行时，绝对不要让根离手，使根保持垂直于地面的方向进行移栽。一手扶苗木，另一只手一点点地埋土。直至看不见根部后，用手轻拍土壤以排出根与根之间的空气，使苗木牢固地立于土壤中。

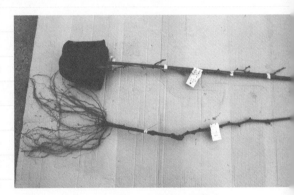

之后，再重新覆盖其他土壤，将砧木固定于低于接穗主干位置2厘米处。灌溉时为防止漏水，可在种植穴的外围做一个环形土垄。至此移栽就完成了。带土球苗木的移栽方式也是如此。

图中上方是带土球苗木，下方是裸根苗木

移栽后，一定要修剪苗木。但是有些苗木比铅笔还要细，修剪时应从距离接穗部分30厘米处着手，对于比铅笔粗的苗木，可从距离接穗部分50厘米的高度进行修剪，之后再设立支柱。

施肥与浇水

刚种植时一定要充分浇水。降霜和降雪的地区，为了使苗木抵御严寒和干燥，还需填埋更多的土壤，或者覆盖4～5层报纸。

施肥前应考虑改良土壤时加入的堆肥和生石灰等成分的含量，控制施肥更有利于苗木健康生长。

移栽裸根苗木之后，修剪接穗（上图）
或垂直地搭设支柱，用 PE 绷带固定
（左图）

移栽苗木

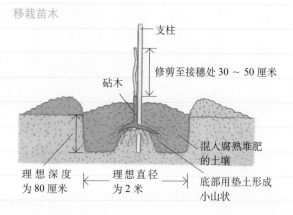

支柱

修剪至接穗处 30 ～ 50 厘米

砧木

混入腐熟堆肥
的土壤

理想深度
为 80 厘米　理想直径
为 2 米　底部用垫土形成
小山状

　　此外，庭院栽培的葡萄梅雨季一般不用给其浇水，但是过了梅雨季节的高温
天气，要细心浇水。

搭架

　　葡萄是藤蔓性植物，适应多种搭架方式。车棚或屋顶平台均可搭建葡萄架，
也可在庭院里新辟场所搭架。

　　庭院不大的情况，推荐搭建垂直于地面的双臂篱架（见59页）。

　　无论采用何种搭架方式，选择庭院栽培时，成为骨架的树枝将会被永久性使
用。因此每年都要细心修剪，培育壮实的葡萄树。

盆栽

前期准备

准备透气性和排水性良好的盆器

关于移栽的时机，若是裸根苗木，与前述的庭院栽培相同。而带土球苗木则全年均可。

关于苗木的选购，一般市面上的裸根苗木和带土球苗木均可。

与庭院栽培相似，苗木到货后要将其根部于水中浸泡一整晚，使其充分吸收水分。距离最佳移栽的时机还有一段时间的话，暂时先移栽到排水和光照条件良好的场所。若是阳台栽培，也可立即移栽至盆器中。

植物的根部会吸收水分、养料和氧气，因此应该选择透气性良好的素烧红陶盆或者轻便牢固且透气性良好的黏土纤维材质的盆（见46页）。

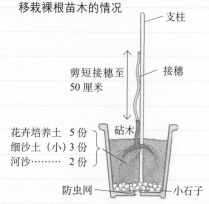

移栽裸根苗木的情况

支柱

剪短接穗至
50厘米

接穗

花卉培养土 5 份
细沙土（小）3 份
河沙……… 2 份

砧木

防虫网

小石子

盆土

将市面上贩卖的花卉培养土和细沙土（或者赤玉土）以及河沙以5∶3∶2的比例混合，置于透气性良好的盆中即可。

另外，葡萄在强酸性土壤中长势极弱，可以用20升培养土混合10克左右的生石灰调整土壤酸度。根部生长也离不开可溶性磷，因此要在培养土中混入10克左右磷肥。

选择能避雨且光照、通风条件良好的场所

往大型盆里加入土壤后盆的重量会增加，因此无法轻易地移动，需要提前选择好栽培场所。

大部分葡萄品种淋雨染病的可能性就越大。因此，应该选择能避雨且光照、通风良好的场所放置，如屋檐、凉亭下以及车棚内等均可作为放置场所。

移栽

（1）移栽前一天，不管是裸根苗木还是带土球的苗木，都要放置在水里浸泡一整晚。

（2）盆底垫防虫网，铺上小土块（或者小石块），最后再加入少许培养土。

（3）移栽之前，不论容器大小，裸根苗木的根部剪短10厘米左右；处于落叶休眠期的带土球苗木，修整土球的1/3，但生长期的带土球的苗木不需要处理根部。

（4）根部处理后，将苗木置于盆的中央（图A），再一点一点地加入培养土。可以用筷子捅压的方式使根与根之间更好地混入培养土，最后加入剩余的土壤（图B）。

（5）移栽后，将裸根苗木修剪至约50厘米的高度（图C）。带土球的苗木要依据选购苗木的规格再决定修剪位置。

（6）充分浇灌之后，搭设支柱。

移栽时根部的处理

约1米　直径21厘米的带土球苗木　直径15厘米的带土球苗木　约50厘米

高1米以上的情况　50厘米　剪短根部10厘米

修整土球的1/3　修整土球的1/3

带土球的苗木(休眠期)　　　　　裸根苗木

将苗木放置于盆的中央，土壤成分：花卉培养土5份＋细沙土3份＋河沙2份。

使土壤充分混入根的间隙，最后加入剩余的土壤

将移栽后的裸根苗木修剪至高约50厘米

施肥与浇水

肥料为市面上混有油渣和骨粉的玉肥。

移栽第一年施玉肥20克左右，第二年增至50克左右。施肥时间分别为移栽第一年的第一个月后和翌年6月上旬。收获后的第三年以后再施肥1次（50～80克粪肥）。

生长期不要停止浇水。落叶休眠期，每周浇1次，浇水只要做到不是特别干燥即可。

搭架

搭架方式多种多样，有组装立杆式、环形支架式等。

根据以往的经验，最简便却能高产的方式是在大型盆具上搭建网格状架式（又称三段式网格状葡萄架式）。因此，本书详细介绍三段式网格状葡萄架式。

三段式网格状葡萄架式

（1）移栽当年的6月中旬，在距离地表60厘米处的左右两边各预留1条新梢为主蔓，加上从主干延长枝共计3条枝蔓，其余新梢全部剪除。

三段式网格状葡萄架式

（2）在距离地表60厘米处的2条主蔓在落叶后预留2个新芽，其余全部抹除。从主干延长枝距第一段主蔓60厘米处进行修剪，其余新梢全部剪除。

（3）第二年与第一年一样在6月进行相同操作。在距离第一段主蔓60厘米处的左右两边各预留1条新梢作第二主蔓，从主干延长枝距离第二段主蔓60厘米处进行修剪，其余新梢全部剪除。

此时，在第一年修剪的2条主蔓上会长出数条新梢，需预留从先端长出的枝条，其余全部剪除。第三年在左右两边的主蔓前端生长出的延长枝上会长出结着花穗的结果母蔓，并第一次结出果实。

（4）同样，第三年也要在6月进行相同操作。但是第三年主干延长枝的处理应为在距离第二段60厘米处的左右两边各预留1条新梢作为第三段的主蔓，而延长枝要进行摘心。落叶后与第一年、第二年进行相同操，将第一至三段的主蔓重新修剪。

（5）栽种后的第三年会形成一个三段式网格状的葡萄架式，这6条延伸出的主蔓上会长出结果母蔓，冒出花芽，结出果实。

每年落叶后第一至三段主蔓各预留2～3个新芽，其余部分全部剪除，通过修剪保持三段式的结构。

三段式网格状葡萄架式修剪

第一年

落叶后
＞＞＞

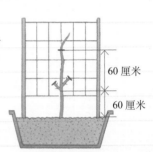

60厘米

60厘米

第三年

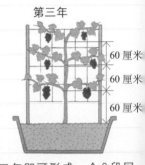

60厘米

60厘米

60厘米

在6月中旬，只保留主干延长枝和在距离地表60厘米处的2条主蔓，其余新梢全部剪除。

主干延长枝保留60厘米，其余新梢全部剪除。2条主蔓各保留2个新芽，其余芽全部抹除。第二年也进行同样操作。

第三年即可形成一个3段网格状葡萄架式。主干延长枝要进行摘心。每年落叶后，第一至三段主蔓各预留2～3个新芽，其余部分全部剪除，并保持三段式的结构以此来控制葡萄株形。

大型盆栽不需要更换盆器

每年用铁管给土壤松土，在空隙间加入新的培养土，从而达到替换容器中土壤的效果。

宽90厘米的大型盆器，从移栽开始3年内都不需要替换到别的盆器里栽培。

即使需要更换容器，也只需要每年用粗3厘米左右的铁管给土壤松土，在形成的空隙中加入新的培养土（土壤成分与移栽初期相同）。这个步骤与更换容器有异曲同工之妙，但却更加省时、省力。

如何用葡萄制作绿植窗帘

　　近年，人们通过人工栽培，引导藤蔓性植物往窗边或墙壁上爬，可遮挡阳光、降低室温。人们把这种植物装饰叫作绿植窗帘。近年绿植窗帘越来越受欢迎，这种栽培方法可以让室内与室外的温度产生显著差异，可减少空调的使用次数。葡萄也可以采用这种栽培方法，并得到相同的室内降温效果。

适合作绿植窗帘的葡萄品种

蓓蕾玫瑰A、斯托本早生、玫瑰露、尼亚加拉、康拜尔早生等都值得推荐，特别是蓓蕾玫瑰A，其生命力旺盛且叶片较大，非常适合制作绿植窗帘。

双臂篱架

在制作绿植窗帘时无论是庭院栽培还是盆栽，其基本要求都是在窗外形成一个垂直方向的结果母蔓。绿植窗帘占用的空间不大，就算狭窄的空间也可以满足其生长要求。

与主蔓垂直生长的新梢

用绳子等引导新梢

垂直生长的结果母蔓理想间距为 20 ～ 25 厘米

双臂篱架

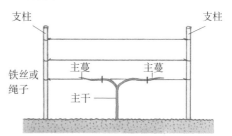

移栽第一年的冬季修剪

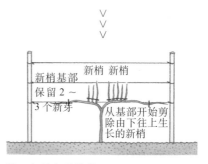

第二年的冬季修剪

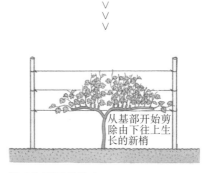

第三年夏天的状态

移栽第一年，引导枝条横向生长，冬剪针对在主蔓顶端的健壮部位修剪。

第二年的冬天，在当年生长的新梢基部预留2～3个新芽，其余全部剪除，且在新梢的侧枝中培育出结果母蔓。

第三年的冬天在结果枝基部预留2～3个新芽，使其成长为结果母蔓。结果母蔓的间距以20～25厘米较为适当。

制作葡萄窗帘的乐趣

当然，屋檐下的凉棚或车库的屋顶也可以搭建与地面平行的棚架，用于制作绿植窗帘。

用尼亚加拉葡萄品种制作绿植窗帘（栽培时间：10年）

制作方法与双臂篱架相似，在第一年冬天保留与地面垂直方向延伸的主蔓，其余侧枝全部剪除，第二年生长到屋顶，在当年冬天预留2～3个新芽，其余侧枝全部剪除。如此反复，使屋顶全部覆盖在主蔓与侧枝之下。

3年以后的6月其顶棚就会生长出茂盛的葡萄叶，形成一个绿色而凉爽的空间。

棚下不仅凉爽，而且空气中还飘着尼亚加拉葡萄的香味

第 4 章

葡萄 12 月栽培管理

葡萄一年的生长周期大致分为 5 个时期。本章将详细阐述每个时期的生长特性以及相应的操作流程，并涉及一些专业知识。让我们一起掌握正确的栽培技术，收获美味的葡萄吧。

葡萄12月栽培管理月历（以日本关西平原地区为基准）

月	1月	2月	3月			4月			5月			6月		
旬			上	中	下	上	中	下	上	中	下	上	中	下
周期	休眠期					营养生长期								
						萌芽期	展叶期	新梢伸长期				开花结实期		

生长状态

- 新梢叶数变多：4.1枚 9.2 12.0 14.2 19.0 23.3
- 新梢变长：11.8厘米 35.2 54.1 72.4 105.6 131.1
- 花序轴变长 ← 花序轴停止生长
- ← 花粉成熟期 → 开花期
- 细胞分裂期 细胞大初
- ▼树液开始流动
- ▼花芽开始活动
- ▼解除耐寒性
- 自然休眠 / 被迫休眠
- 发生冻害
- 花芽开始分化
- 须根生长、变长
- 根：须根变多……

主要操作

- 对抗晚霜
- 除草（4~5次）
- 移栽苗木
- 新梢的引导、绑扎
- 整形修剪
- 结果母蔓的引导、绑扎
- 抹芽
- 使果实无核化的赤霉素处理
- 疏花序、疏果穗、摘粒、整形　套袋
- 扦插
- 移栽
- 施用基肥、改良土壤
- 打破休眠期
- 防治病虫害

62

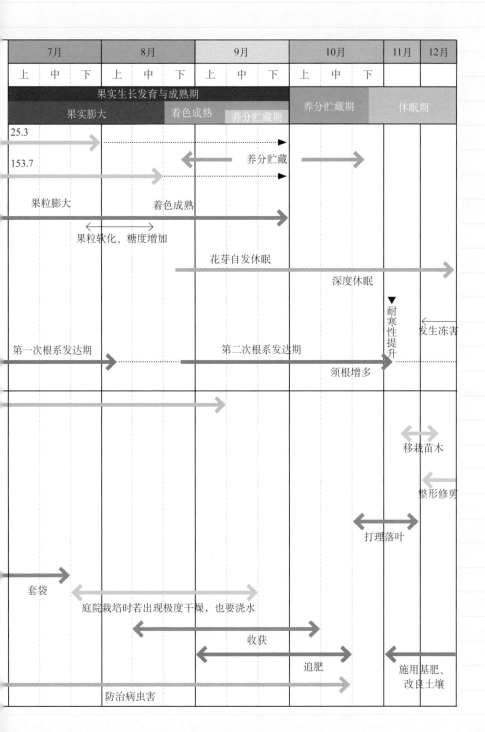

7月			8月			9月			10月			11月	12月
上	中	下	上	中	下	上	中	下	上	中	下		

果实生长发育与成熟期　　　　　　　　养分贮藏期　　　　休眠期

果实膨大　　　　着色成熟　　养分贮藏期

25.3

153.7　　　　　　　　　养分贮藏

果粒膨大　　　　着色成熟

果粒软化、糖度增加

花芽自发休眠

深度休眠

耐寒性提升　　　发生冻害

第一次根系发达期　　　　第二次根系发达期

须根增多

移栽苗木

整形修剪

打理落叶

套袋

庭院栽培时若出现极度干燥，也要浇水

收获

追肥

施用基肥、改良土壤

防治病虫害

63

营养生长期

4月至6月中旬

营养生长期的特征

生理特征

营养生长期（萌芽期→展叶期→新梢生长期→开花结果期，即4月至6月中旬），主要是以树木自身贮藏的营养来供应生长。其中根部所含的糖类与蛋白质经酶分解后溶解于水，成为营养成分，并运送到植物体内的各个部分。萌芽期（图A）对贮藏的养分消耗量较多，但开始展叶且叶片变多，新叶光合作用形成的养分就可供给树木生长。

开始萌芽

形态特征

这个时期的管理作业主要有抹芽和摘心、疏花序与花序整形、新梢的引导，以及开花前后进行的赤霉素处理等。目的是在开花前控制各条新梢的生长量，调节新梢内部的营养分布。新梢会在展叶后急速生长，一年中生长量的1/2～2/3会集中在开花前的50天左右。

在这个时期生长了年生长量2/3的新梢，其后的生长速度会减缓；反而生长了1/2的新梢，其后的生长速度会加快。

生长量发生差异是结果母蔓的生长状态不良所导致的，其原因有两个方面：一是上一年新梢的徒长、萌芽不良、结果过多、病虫害以及生理障碍所引起的早期落叶等在栽培技术方面的人为因素；二是从上一年的休眠期至萌芽期的气候条件，如气温、光照、降水量、台风等自然因素。

能结出良好果实的母蔓

有的结果母蔓虽长1.5米左右，枝先端近1/3的部分却已枯萎。长3米以上的结果母蔓多为徒长蔓，其节的部分如同动物的关节般膨胀，节间距为7～9厘米。

应在落叶后修剪时判断结果母蔓的优劣。用剪刀切开枝条观察其横断面，优质结果母蔓韧皮部细小，木质

葡萄枝条的横断面

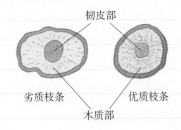

部呈圆形带有青色，且木纹细致。枝条的颜色为黄褐色，基部呈现白色粉带状。

优质结果母蔓芽大，枝条饱满，那么新梢的生长分布规则，花序的形成和开花都会顺利进行。

优质结果母蔓和劣质结果母蔓的生长状态

优质结果母蔓：芽大，枝条饱满

劣质结果母蔓：芽小，花芽发育不良

劣质结果母蔓：徒长蔓，芽呈扁平三角线，枝条填充不实

花序的生长过程

葡萄芽是混合芽，一个芽可同时发育成花序和新梢。

因此，不能像桃、李等果树，仅靠单芽中的花芽或叶芽就能在冬天结束前完成花芽分化。葡萄芽从6月上中旬开始分化，中途停止并开始越冬，到了春天恢复发育直至翌年5月才能完成分化，大致需1年时间。

花芽一般在上一年形成。萌芽前花序已初步形成，花序的形状、大小、

花芽

花朵数量是在萌芽前树液流动非常强烈的时期确定的，由初春花芽恢复分化时可获得的养分决定。

特别是在短梢修剪过程中可以看出（见87页），新梢基部冬芽的分化和发育延迟，会影响早春芽的分化以及发育。另外，早春花序的发育影响花朵数量、花序大小，因此要进行强剪才能长出花多的大花序。

冻害（困乏病）的发生

葡萄在冬季容易受到低温和干旱等侵害，症状轻重不一。症状轻的在其生育期间就恢复了，不易察觉。

有时发现初期其生育状况显示异常。萌芽期、展叶期的异常大多由冻害造成，也叫作"冬害""干害"或"困乏病"。

具体症状表现在初春的萌芽和展叶期，症状严重时主干、主蔓、亚主蔓会开裂，肉眼能够立马发现。另外，即使是轻微的开裂，枝蔓从地下吸取水分，树液也会从干裂处渗出，严重时地上部分可能会枯死。

虽然枝蔓没有出现干裂现象，树液不会渗出，但受冻害的葡萄树会变得干燥。结果母蔓的芽随之枯死，萌芽、展叶将无法进行。症状轻微时，虽然芽可以萌发，叶片可以生长，但萌芽期将会异常推迟，新梢也会停止生长，最终枯死。而且，一部分侧枝发病后，部分树冠也会枯死，剩余部分发育异常，生长过分繁茂。

此病害还表现为以下症状：新梢生长中期，新梢与结果母蔓之间产生离层，导致新梢开始大片脱落；果实膨大末期叶片处于脱水状态，原本薄薄的绿叶边缘开始向内或向外翻卷；果穗肩部的部分果粒被强光灼伤导致果肉塌陷，塌陷果肉的颜色出现褐变。如果发病严重，整个果穗由上至下直至中心的穗轴都将枯死。

葡萄冻害有许多症状，在栽培过程中确实令人头疼。

绿叶边缘因受到冻害向内翻卷。

缺硼症

葡萄常发生硼、锰、镁、钾等缺素症，在这个时期多出现缺硼症。虽然也有缺氮症、缺磷症，但这两种病症能从树势的旺盛与否进行判断。

若缺硼症发生在休眠期，树体会发生萌芽不良或冻害。开始发育以后所发生的缺素症一般出现在细胞分裂较为旺盛的新梢先端的生长点、展叶中和刚结束展叶的叶片、花蕾形成较为旺盛的花与花序等部分。

缺硼症发病症状如下：先端枝蔓的节间变得又细又短；展叶中的叶片形状怪异，展叶后的叶片变小，颜色变黄呈现油状斑点；花序形状与正常花序异常，向上弯曲，花朵数少且小。

营养生长期的操作

抹芽和摘心

[移栽第一年] 移栽第一年，当新梢长到30～40厘米时，保留主蔓上新长出来的壮芽（候补主蔓），其余全部抹除。从头剪除和候补主蔓一样的强枝。

[移栽第二年] 选择一条上一年生长的新梢延长出来的部分作为候补主蔓，接着反方向，在棚下30厘米范围内选择候补第二主蔓。第一年的苗木发芽迟缓，7～8月的盛夏才开始发育，直到落叶期。

与此相比，第二年的萌芽生长旺盛，但是其初期情况却并不好。这种趋势下，应该加大抹芽力度，使主蔓和第二主蔓的候补枝条生长旺盛。

[移栽第三年] 第二年根部在土壤中很好地蔓延生长，到了第三年，新梢的长势会变得旺盛。与第二年相比，此时就不需要进行抹芽了。

萌芽后3～4周，根据树势变化来决定抹芽如何进行。不用对徒长蔓进行抹芽，应尽可能增加树体内养分的积累。

疏花序

抹除副芽
（见68页插图）

如何抹芽

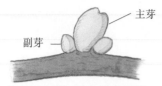

仅留下主芽，除去所有副芽

如何处理主芽

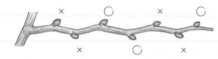

除去最开始的 2 个主芽，接着留下 2 个，
然后再除去 2 个，接着再留下 2 个

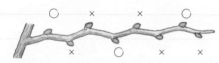

留下最开始的 1 个，接着除去 2 个，然
后再留下 1 个，接着再除去 2 个

〇保留 × 抹除

放任葡萄生长的话，果实肯定会
过多。为了提高坐果率，调整果穗间
距，保留高品质的果穗，因此，在这
个时期，疏花序是必不可少的工作。
葡萄种类不同其特点也大不相同，花
序的大小也不一致，因此合理地疏花
序是非常重要的。

不同葡萄品种的目标产量不同。
栽培100米²欧洲葡萄的目标产量为
2.5 ～ 2.8吨，美洲葡萄则为2.5吨。像

先锋这样的欧美杂交种，其目标产量
为2 ～ 2.5 吨。

以目标产量为标准，规定果穗的
大小。确定每平方米栽培空间单株葡
萄树的果穗数量，再进行疏花序。

[疏花序期] 第一次抹芽结束后，
能够清楚判断新梢的韧度、花序的形
态，之后进行第一次疏花序。但是，
大粒葡萄品种由于果穗生长会急剧
地消耗过多养分，应尽可能在早期
进行疏花序。

另外，需经赤霉素处理的品种，
疏花序需要在第一次抹芽前进行。
如果到了第一次抹芽后，最好尽早
处理。

[疏花序原则] 由新梢的韧度和每
平方米果穗数量来决定如何疏花序。
当新梢长到170 ～ 200厘米时，玫瑰
露、斯托本早生一般留3个花序。蓓
蕾玫瑰A和康拜尔早生一般留2个花
序。除此之外其他大粒葡萄品种则留1
个花序。

当新梢长到150厘米左右时，玫
瑰露、斯托本早生留2个花序，蓓蕾
玫瑰A和康拜尔早生按照新梢每10节
留1个花序的原则进行疏花序。

100厘米左右的长势稍弱的新梢，
玫瑰露、斯托本早生、蓓蕾玫瑰A和
康拜尔早生只需留1个花序，大粒葡
萄品种保留9个枝梗左右中等大小的
花序即可。

60 ～ 80厘米以下的新梢，即使长
出花序也要全部摘除。

花序整形

花序各部分结构如图所示，疏除副花序（图A），掐掉花序尖，调整花序大小（图B）。分枝段数以10段为佳，如此成熟期的果穗可达到300～400克，使果粒大小趋于相同。如果分枝段数保留至12段，果穗重量将达500～600克，变成特大果穗。依照新梢的强弱来决定剪留段数为10～12段。

大粒葡萄品种的疏花序及花序整形

大粒葡萄品种容易出现严重的落花落果现象。

但是，通过正确地修剪和抹芽后，也能使其正常结果。首先，如果冬季修剪得到足够重视，那么疏花序及花序整形越早越好。

为控制新梢长势，开花后2周内要完成修剪、抹芽等相关工作，之后对果穗稍作修剪即可。

[疏花序] 大粒葡萄品种的花序于开花前2周左右开始加速生长，相反新梢的生长变得缓慢。若仅进行轻剪使结果母蔓变多，新梢的数量也增多，这样会使花序数量增加，新梢长势变弱，叶片数量减少，进而导致结实不佳。

在这种情况下，我们应该在开花前3周左右尽早整理花序，还必须剪

花序各部分名称

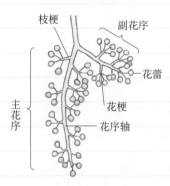

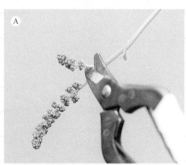

除所有长势较弱的枝条。

栽培此类品种，应保留结果母蔓先端生长出来的强势新梢上的花序2个，保留其他新梢上的花序1个。

巨峰的果穗整形

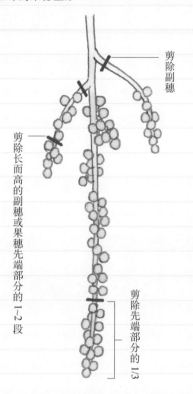

剪除副穗

剪除长而高的副穗或果穗先端部分的1~2段

剪除先端部分的1/3

进行强剪时，应该根据新梢的长势进行抹芽和花序整形。有时开花前也不用修剪，引导新梢能充分享受阳光，等落花后观察结果状态再进行果穗整形。这种整形修剪也只需要保留大的果穗或副穗，这样能提高坐果率。

[果穗整形] 大粒葡萄品种的果穗长得巨大，副穗、歧肩和枝梗也会下垂。因此，要剪除这些副穗、歧肩和大枝梗，或切除果穗中间枝梗的先端部分。采用这种整形方法葡萄不容易出现落花落果现象。但是，一般来说剪除长而高的副穗先端部分的1～2段，剩余的果穗也要剪除其先端部分的1/3，这样才能长成优质果穗。

但对于自然坐果较好品种，如巨峰、藤稔等，果穗能依靠自然坐果发育成紧凑型。花序整形时，在初花期先掐去全序长1/5～1/4的序尖，再剪去副花序，最后从上部剪掉3～6个花序大分枝，尽量保留中下部小分枝，

引导新梢

引导新梢与结果母蔓呈垂直角度，并且抑制其生长

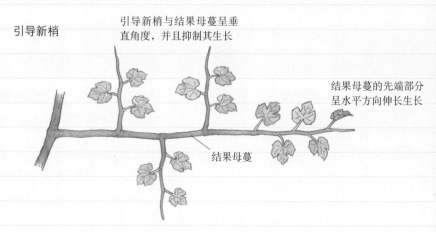

结果母蔓的先端部分呈水平方向伸长生长

结果母蔓

使花序紧凑，并达到要求的短圆锥形或圆柱形标准。

花序轴
副花序
花序分枝
花蕾

分枝疏散形花序整形

整理新梢

新梢长到20～25厘米时，易被须藤相互缠绕或被风吹致伤，会给新梢的生长与今后的管理工作带来不便。因此应尽早整理新梢。通过短梢修剪，引导新梢的生长方向与结果母蔓呈垂直角度。

防治病虫害

在萌芽前的休眠期应重点防治葡萄炭疽病。此病易发生在葡萄的芽，以芽为中心进行药剂喷洒。

5月中旬，在赤霉素处理前1周，进行褐斑病和蔓枯病的防治工作。大粒葡萄品种会因梅雨季后的干燥气候引起叶片发生日灼，因此5月下旬要大力喷洒药剂直至叶片变白为止，以加强叶片的长势。

另外，还须注意防治引起大粒葡萄品种裂果的葡萄霜霉病。栽培欧洲葡萄时，要注意防治黑痘病、葡萄炭疽病、葡萄霜霉病等病害和猿叶虫、瘿蚊类等虫害，因此需要在休眠期和发芽之前喷洒药剂。由于大棚内空气流通不畅，葡萄霜霉病容易发生，应充分重视，早做防治。

开花前的5月下旬，须喷洒药剂防治黑痘病、葡萄霜霉病、粉蚧。这时喷洒药剂，还可以预防锈斑病，加强叶片的长势，并提供钙营养。

赤霉素及其最佳使用时期

葡萄开花前或花粉尚未完全成熟时经赤霉素处理，绝大多数品种都会变成无核品种。实际上，葡萄的花序尚未完全成熟即开花前2周左右，在配制好的赤霉素溶液中加入适量的渗透剂，喷洒于花序。经此处理后的花粉丧失发芽能力，无法受精。于是，果粒急速膨大形成无核葡萄。

在此基础上还想增大果粒，需在落花后10天左右，施以同样的溶液。这就是普通的赤霉素处理方法。

判断赤霉素使用最佳时期的方法之一
（玫瑰露：第一次使用赤霉素）

过早

花蕾密集没有间隙

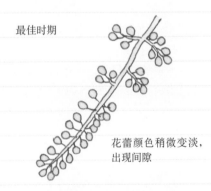

最佳时期

花蕾颜色稍微变淡，
出现间隙

　　虽说需在开花前2周左右使用赤霉素，但实际上判断开花时间进而找出使用赤霉素的最佳时期是一项极难的工作。

　　一种方法是如露天栽培，可以从花序先端1/3处的花蕾变硬判断出使用赤霉素的最佳时期，大棚栽培则稍早。另一种方法是如露天栽培，从展叶开始至赤霉素使用最佳时期的天数为28～30天，大棚栽培则是25～28天。

　　但是，这些方法也只是推测，实际栽培场所的土壤及气候条件也会影响使用赤霉素的最佳时期。

　　赤霉素处理在技术上已经被认可，也确实挽救了许多外观差、产量少的品种。比如玫瑰露，原本果粒过小，食之无味，此类品种则需要使用赤霉素。

　　但是，葡萄使用赤霉素后会失去原本的香气、味道、口感，甚至还有许多葡萄变成了其他品种。因此，对于优先确保产出无核果实而使用赤霉素的品种来说，建议栽培时不要在开花前后分2次使用赤霉素，而是盛花期时为防止落花落果仅使用1次赤霉素，尽可能保留该品种原本的味道。

　　但是，为了促使先锋品种果实肥大，必须要使用2次赤霉素，第一次于盛花期结束后将果穗浸泡于12.5毫克/千克赤霉素溶液中，10～15天后第二次使用赤霉素，将果穗浸泡于25毫克/千克赤霉素溶液中。

开花结果期

5月下旬至6月中旬

开花结果期的特征

生理特征

第二年花芽开始分化时就进入开花结果期了。新梢生长处于一年之中最旺盛的时期，根部的生长也进入旺盛期。依赖原本贮藏养分的比例下降，继而开始依靠新的养分生长。

结果期以后，伴随着果实的生长、膨大，对氮、磷、钾的吸收量也随之增加。对氮和磷的吸收量基本相同，钾则是氮或磷的两倍。开花期以后，这些养分必须控制在根能够吸收的范围之内。

因此，需从上一年11～12月开始施肥。磷肥是需要被有机质保护的肥料，因此应在施堆肥的同时增施磷肥。有机肥料的成分主要为骨粉、牛粪或油渣等。

形态特征

这个时期新梢的生长量是年长量的1/2～3/4。但是，其中也有一些长势弱的新梢已经停止生长。

目前，欧美杂交种的主流品种，新梢的年生长量宜在150厘米左右。但是，开花期新梢长度应保持60～80厘米，这样可以保证果实的固定、着色以及成熟，而且枝条也会变得饱满。在60厘米以下的新梢中，大多数营养用于果穗的生长，因此枝条的生长会更加缓慢和细弱。正常生长的新梢叶数应保留11～15片，徒长的新梢叶数为17～20片。

[花序的生长] 花序从开花期前10天起进入活跃期，在开花中期继续生长。一般花序从开花至花谢持续7～11天，从开花起3～5天内有70%～80%的花朵会开放，即盛花期。

花序花朵的开放顺序由中间开始，并以此为中心点向上下两端依次绽放。

[根部的生长] 土壤温度上升至11℃左右根部开始活动，上升至15℃以上会变得稍加活跃。与此同时，地上部分开始萌芽，根活跃2周左右地上部分进入展叶期。根的生长会持续1个月，开花期时更加需要增加根的数量。这个过程会一直持续整个7月。根的发达程度将在很大程度上影响地上各部分的生长。

花序形成和果穗数量的增加

如上所述，在开花结果期间，为了翌年的开花、结果，新梢上的芽中的花序会开始分化。6月中旬花序形成，到了秋季会形成更多花序以及花朵。萼片和花瓣等花的组成部分会在翌年早春急速形成。

在多个果穗结果的同时，长在新梢叶腋的芽也在进行着花序的分化。

另外，芽属于混合芽，所含新梢的形成与花芽同期进行，因此会导致花芽发育迟缓。

开花结果期的操作

这个时期的操作以疏穗为主。依据落花后果实的固定程度和果穗状态进行疏穗，从而调整果穗的数量。

诊断生长状况的方法

[新梢过长与长势不良] 开花时新梢的长度为130～150厘米，占整枝长度一半以上的话，可以判定整株葡萄树徒长。究其原因，强剪和抹芽数量过多，后期会经常长出副梢，长度3～7厘米，到了落叶期也不会落叶。到了初霜，其生长也会停止。花序出现严重的落花落果现象，几乎不会结果。

相反到了开花期，若新梢的长度低于50厘米，说明葡萄树营养不良。这是由于弱剪以及抹芽数量不够造成的。但是如果根受伤或由于周围地下水位的高低引起根的生长变弱、染病，开花前的异常干燥等原因也会造成新梢的长度过短。

另外，落花落果现象严重的品种，其开花期的树势过于强盛必然引发落花落果。但是为调整树势过于压抑新梢的生长，甚至在开花期还没结束就整理果穗也会导致新梢生长不良。这样一来树势急剧衰弱，很难恢复。因此，要在落花后尽早整理果穗，大胆地调整新梢的间距，有时也需要加大力度调整每枝结果母蔓和侧蔓的间距。树势衰弱的话，果实糖度就无法升高，着色不良，这也是导致巨峰和先锋这些着色系品种产生红熟现象的原因之一。

[追肥] 关于肥料管理，应尽早追肥，肥料以氮元素为主。干燥地的话可铺上稻草。

[落花落果现象] 这个词已经出现了好几次。落花落果现象是指果穗在结果时受精状态不良导致果粒的固定不佳、果穗外观不美观，也叫作"流花现象"。品种不同，落花落果现象也不同，其原因可分为缺乏营养元素和营养不平衡两个方面。

缺乏营养元素，比如说硼。新梢缺硼的话，其留枝过密，枝条细小。

新梢的生长方式

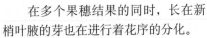

300 厘米以上

130 ～ 150 厘米

过长

130 ～ 200 厘米

60 ～ 100 厘米

适中

最终长度

现在的长度

60 ～ 100 厘米

60 ～ 80 厘米

生长不良

开花结果期以后，果粒生长膨大期缺硼，导致果粒的维管束发生褐变，果粒停止生长。果肉内维管束变褐坏死，外观上看得出有些部分通透发黑，或者看上去果肉内部有"馅"，因此也被叫作"带馅"。往缺硼的叶面喷洒硼素，并给土壤施肥，1周后植物可以恢复生机。另外，为了不发生缺硼现象，应预防土壤变得干燥，向土壤喷施以硼酸为主的基肥。

营养不平衡是指开花前新梢徒长引起营养混乱。其中大粒葡萄品种最为明显。其实只要做到适当的修剪和抹芽就可以防止出现营养不均衡，这并不是难事。短梢修剪时，一开始就强剪、强抹，可使树冠扩大生长，在保证结果枝数量的基础上，调整新梢的树势和结果枝数量可以防止落花落果。

疏穗

不易出现落花落果的品种，需在开花前结束疏花序工作。即使是落花落果严重的品种，在开花前新梢的长度达到60～90厘米时也需完成疏花序、整形工作。但是，如果新梢生长期长度不一致、树势杂乱，到开花结果期结束再进行果穗的整形工作即可。落花后，待确认果穗开始结果，再迅速地进行果穗整形。

关于疏穗程度，每平方米保留5～6串果穗，每串果穗30～40颗果粒；若是每串果穗20～30颗果粒，可保留果穗7串，其余全部摘除。

摘粒

摘粒是指对混杂拥挤的果粒进行疏果摘粒。调整果粒的拥挤程度，防止出现裂果现象，进而调整一串果穗的大小，以避免结果过多。落花后越早摘粒对促使果粒膨大越有帮助，但一般落花后第二周左右摘粒工作是最容易入手的，稍迟的话果粒间隙过于拥挤，会导致剪刀无法进入果穗中进

摘粒的方式

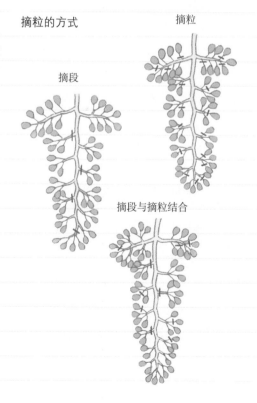

摘粒

摘段

摘段与摘粒结合

行摘粒,强行摘粒会使果粒受伤。因此选择适当的操作时期很重要。

尤其是欧美杂交种中的大粒葡萄品种,其果穗很大,坐果也好,因此必须进行摘粒工作。

使用剪刀剪除一颗一颗的果粒叫作摘粒,剪除一个一个的枝梗叫作摘段,这两种方式还可混用。品种不同,摘粒的程度也不同。如康拜尔早生和蓓蕾玫瑰A就要弱摘,玫瑰露和斯托本早生则要在第二次赤霉素处理后进行摘段。其他大粒葡萄品种视品种而定,单粒重20克以上的果穗保留20～30颗果粒,单粒重15克的果穗则保留50颗左右。

追肥

落花后很快新梢的生长又开始进入旺盛期,土壤、气候和栽培条件等因素有时会引起新梢停止生长。这时,我们就需要进行施肥,肥料以氮素为主,施肥量控制在全年的20%～30%。若还是没有效果的话,用水溶解肥料直接施肥更快更有效。另外,喷洒叶面肥效果也很好。

防治病虫害

欧美杂交种需要防治锈斑病、褐斑病、炭疽病以及蔓裂病。欧洲葡萄则要防治黑痘病、霜霉病。

果实生长发育与成熟期

6月中旬至9月下旬

果实生长发育与成熟期的特征

生理特征

果实生长发育与成熟期是指落花后开始形成果实直至果实成熟的时期,包括果实膨大期和着色成熟期。在这一时期,树体内原本贮存的养分和新生的养分促使果实生长乃至成熟。新生的养分影响着新根发生、果实膨大、树干变粗等。

观察这个时期的根与土壤的关系,就会发现果实膨大期的前半段(6～7月)许多须根长出,可更好地吸收土壤中的养分和水分。此时又恰逢梅雨季节,因此土壤中的水分较多,根可以顺利地吸收养分和水分。但是,光照稍显不足,土壤表层温度也不太高,因此根蔓延至接近土壤表层,又可以尽情地吸收肥料。

[营养元素缺乏引起的不良症状] 这个时期,镁、锰、钾等必要元素的缺乏或过剩都会引起不良症状。

梅雨季节过后,光照变强,叶片水分的蒸发加剧,地温也急剧上升,土壤就会处于干燥状态。梅雨季节,长势相对较弱的枝和叶更容易蒸发水分，土壤变干的同时也无法给根提供水分。因此，这个时期吸水与蒸发的平衡被打破了，果实得不到水分，易造成日灼现象。

葡萄果实日灼

果粒加速膨大，对氮、磷、钾的需求增加，尤其是对钾的需求特别大，相反对氮、磷的吸收能力则开始下降。

果实生长发育与成熟期，新梢几乎停止生长，新梢木质化的同时进入果实着色成熟期，糖含量开始激增。

形态特征

[**果实膨大**] 受精后，细胞开始分裂，10～15天结束分裂。之后，细胞膨大会促使果实膨大。果实膨大期分为3个时期。

第一膨大期是指开花期至细胞分裂期和细胞膨大初期。这一时期果实的纵径、横径、重量和体积增长最快，果皮绿色，肉硬，含糖量处最低值。

第二膨大期是指种子的形成、胚芽的发育期至种子变硬的硬核时期。这个时期果粒将暂停生长。早生品种的停止生长时间较短，晚生品种则较长。

但是，无核品种和经植物生长调节剂（赤霉素等）处理的品种没有第二膨大期。

第三膨大期，果实继续膨大，但生长速度次于第一膨大期。果肉开始变软，糖度升高。

[**果穗着色**] 第三膨大期结束后，果粒开始产生水分，进入着色成熟期。果穗颜色为紫、红两色的品种被称为着色系品种。其中有的品种着色需要一定浓度的糖和光照。欧洲葡萄大多需要一定的光照量，美洲葡萄即使少些光照量也无大碍。

但是，若是需要大量光照的品种，就要剪除覆盖果穗的叶片，或人为给果穗增加光照。这样处理后的果粒颜色会变紫（红），品质也不会差。

另外，着色成熟期需整理徒长的枝蔓、修剪新梢，这样果粒着色以及收获期可以推迟2周左右。

[新梢和根的生长] 火山灰土壤配合强剪操作，促使根向深处分布，从而具有较强的保水保肥能力，因此梅雨季节过后新梢会越来越长。黏性土壤中，根的分布较浅，对养分和水分的吸收力也弱，即使强剪后出了梅雨季新梢的长势也会衰弱。

过度干旱，树的营养也将变少。梅雨季后半期的7月初，新梢底部的颜色发生变化，开始木质化和进入成熟期。因此，这个时期新梢的长度达到年中生长量最大值。

根的发育从4月初开始，5月中旬开花前2周开始进入旺盛期，果实膨大期的旺盛期与新根生长延伸的旺盛期一致，此后新梢生长进入衰弱期。

8月上旬，新根也停止发育。8月下旬至11月上旬，根系进入第二次活跃期。

果实生长发育与成熟期的操作

这一时期被称为前期操作管理的集成时期，要尽早完成相应的工作，防患于未然，否则将一无所获。

缺乏营养元素的对策

[缺镁] 缺镁现象一般出现在果实生长初期与果实膨大期的后半期。糖类需要增加的时期，缺镁引起叶绿素减少，导致果肉品质变差，并影响糖类的积累。另外，新梢内部的糖类也会减少，枝蔓难以进入成熟期，抗寒性变弱。

缺镁症发病时，叶脉间出现褪绿，由叶片中心向四周扩散。新梢基部也会发病，但先端几乎不受影响。相反，缺硼时，新梢先端会长出奇形怪状的叶片。可以对比以上两种症状进行判断。

一旦出现上述缺镁症，之后再补充镁元素也收效甚微，须做好预防工作。

出现一次缺镁现象，如不施以苦土石灰等补充大量的镁，植株无法恢复健康。因此施基肥的同时应加入镁元素。一般镁肥以苦土石灰为主，但是见效慢，所以推荐使用硫酸镁。

[缺钾] 缺钾会阻碍果实膨大，导致叶片褐变枯死，严重时出现落叶，最终影响果实的糖度、产量、品质，甚至使葡萄抗病能力下降，易遭受冻害影响。

缺钾症发病时，叶脉间也会出现褪绿，由叶缘向中心蔓延。另外，缺镁很少会导致叶片褐变枯死，但是缺钾的叶片则相反。

低坡度和低质量冲积层的黏性土壤容易缺钾。这种环境下，除了施钾肥外，也可在土壤中添加秸秆。另外还需改良排水条件，尽可能保证土壤处于干燥环境。

避免日灼

梅雨季节结束后进入干旱期，经常能看到果实受到日灼。

高温、干旱引起叶片水分急剧蒸发，对根和枝等造成伤害，加上土壤中水分的不足等原因又导致叶片无法及时补充水分。于是，叶片开始从果实中汲取水分，导致果实出现日灼现象。

盛夏时期，果实受到强光直射出现异常高温，果肉细胞死亡，这种现象叫日灼。果穗的日灼现象一般先从顶部果粒开始逐渐向下扩散。情况严重时，半串乃至整串果穗都将受到日灼。欧洲葡萄和大粒葡萄品种多出现日灼现象。

为避免此现象发生，应有效利用没有果穗的枝蔓来保护棚面，保证棚面的光线不要过于明亮。当然，充分浇水、避免日灼也是有必要的。

另外，初春贮存的养分可促使新根生长旺盛。但这一时期，如果贮存的养分不足，新梢的生长就会出现迟缓，进而叶片产生的养分仅够供给不良新梢的生长。于是新根出现生长不良现象，导致树体发育不良。因此，梅雨季节过后，即使土壤中还有水分，有时也会引起果实日灼。

继疏果穗和摘粒工作结束后，要给果穗套上伞套和果袋。伞套可以避雨、遮强光。果袋可以抗病害、鸟虫的侵害。

浇水

果实膨大期推荐每周浇水1次，每次充分浇灌。着色成熟期建议干旱时浇水及时，雨后及时排水，注意小水勤灌，减少土壤干湿差，避免产生裂果。

预防裂果

着色成熟期容易出现裂果现象。防治方法：①在结果初期，对果穗喷施钙肥，每周一次可明显降低葡萄裂果的发生。②在着色之前，可追施硫酸钾，或叶面喷施磷酸二氢钾均可，喷施时要均匀。③合理排灌，小水勤浇，阴雨天注意排积水防涝。同时还应避免高温。④积极疏枝疏果，减少消耗过多的养分，避免因过密挤压而出现的裂果。

促进着色技术

有些葡萄品种着色较困难，生产中可以通过合理负载、控制旺长、铺设反光膜、环剥、去除老叶、及时摘袋、喷施磷钾肥等技术措施促进着色，根据实际情况综合选用，以发挥最佳效果。

（1）**反光材料的应用**。葡萄除了叶片光合作用需要光外，果实着色也需要光照，研究表明，果实见光比不见光易着色，因此，从果实着色成熟期开始，需要创造条件，增加叶片及果实的光照。锡箔纸、白色或灰色地膜具有反射光的作用，生产中已经得到应用。反光地膜可早春铺设，还可用于除草。

避雨棚中铺设反光布（上）与日光温室中悬挂反光幕（下）

覆盖锡箔纸及地膜反光

反光地膜等材料表面是平滑的，光线照射到地膜后产生的反射光是直射光，照射到葡萄叶片或果实表面有一定的局限性，为此日本研究出了表面凸凹不平的专业反光布，使得更多反射光能被葡萄利用。除此之外，目前生产中有专用反光幕（锡箔材料），反光幕铺设地面或悬挂在日光温室后墙发挥反光作用，补充设施光照，促进果实着色。

（2）去除果穗周边老叶。研究表明，葡萄果实着色时，果实周边叶片已

去除果穗周边老叶（棚架）

去除果穗周边老叶（篱架）

经衰老，失去光合机能，因此在果实着色成熟期开始，即可去除果穗周边老叶，使果穗充分见光，达到促进果实着色的目的。本项技术在鲜食葡萄生产应用普遍，在酿酒葡萄上也开始应用。

防治病虫害

　　主要病害有霜霉病、炭疽病、灰霉病、黑痘病、白腐病、毛毡病等。此期应以防病为主，每隔10天喷一次

波尔多液进行防病。对葡萄霜霉病、炭疽病、黑痘病，有针对性地使用杀菌剂。及时清理带病叶片和已染病果实，有病害发生时，对症喷药。套袋和避雨栽培可以很好地预防各种病害的发生和发展。

　　主要虫害有天牛类、金龟甲类、毛毛虫、蛾、蝶、叶蝉等。对被害叶和果实要迅速摘除，一旦发现害虫，立即捕杀。取食枝叶的金龟甲类（铜绿金龟甲、日本丽金龟）、天牛类的幼虫近年来有所增加。针对土壤中大量发生的金龟甲类幼虫，需喷施、撒施药剂。

收获方式

　　果粒糖度达到18°以上就进入收获期了。美洲葡萄推迟收获容易出现严重脱粒现象。清晨的果粒特别肥大，采收手法过重的话容易引起裂果。因此，采收时间最好从上午10时开始，或者从午后至傍晚为佳。

　　采收时一手握采果剪，一手托起果穗，贴近结果枝处剪下，要尽量留有较长的主穗梗。

糖度超过18°，可以进入收获期

养分贮藏期

8月下旬至10月下旬

养分贮藏期的特征

生理特征

这个时期大多数品种已收获。气温逐渐下降，生长变缓，为进入休眠期做准备。

[养分的贮藏] 这个时期养分转变为提供根、新梢、老枝等的养分需求及储备。这些养分的积蓄，可以在即将到来的冬季保护树体，同时，也影响下一年花芽的发育和新梢的初期生长情况。

此外，8月下旬至9月葡萄叶片的生长活动减缓，8月下旬至10月下旬进入落叶期，叶片中贮存的氮、磷、钾等养分急剧减少。但是，9月至10月下旬叶片的生长活动对葡萄树体内营养物质尤其是糖类的积累中起着重要的作用，营养缺乏、病虫害发生、台风等原因阻碍叶片的生长活动，导致叶片受损，继而妨碍主干、主蔓、亚主蔓等枝干的发育。因此，葡萄叶片从开始生长直至落叶均应得到周到的管理。

形态特征

[新梢的生长] 新梢木质化与果实成熟基本处于同期，此时正值盛夏进入初秋。果实收获后，进入9月，新梢木质化的进程有所减慢。但是，连落叶也会进行光合作用，因此枝蔓中的糖类变多。秋季降温使叶片光合作用产生的糖类转移变慢，因此着色系品种的叶片开始变红并产生离层，最终掉落。

但在中国北方地区，一些品种的叶片常常因早霜而提早脱落，难以见到自然落叶。另外，也有因突然降温使离层来不及形成，而不能正常落叶。

[花芽的生长与休眠] 新梢的腋芽中，发生着花芽分化、花序分化等一系列活动。6月上旬开始花芽分化，一直活跃至9月结束，9月以后进入休眠期。这个时期叫作自然休眠期。落叶后，外部气温也开始下降，因此一直到翌年春天花芽几乎都不会有变化。

[根的发育] 此时，新梢虽不会停止发育，但是新根却持续旺盛地生长。如果把6～7月根的生长旺盛期当作第一次根系发达期，那么8月下旬至11月上旬就是第二次根系发达期。土壤温度低于15℃时，新根将停止生长。

养分贮藏期的操作

进入9月，虽然葡萄的各部分生长活动不再活跃，但需要尽可能地保证叶片的光合作用能力不会下降，以保证养分的贮藏。因此，有必要施以秋肥，以氮、磷、钾等元素为主。

生育诊断方法

[秋长和落叶] 即使到了9月，新梢的生长也不会停止。这叫"秋长"。这一时期，生长出的枝条不饱满，叶片的光合作用能力低下，因此"秋长"动用了珍贵的养分，致使新梢内的糖类变少。

[必要元素的缺乏] 在土壤已发生营养缺乏的情况下，有些植株仍连续几年表现"正常"生长，但等到其发生缺素症，就会造成严重危害，需多年努力才能矫正。这一时期，葡萄常会出现缺镁和缺钾现象，尤其是晚熟品种，应密切观察。

[病害导致早期落叶] 必须从果实膨大期就做好彻底地防治工作，避免病害导致早期落叶。

管理方法

[使树体恢复体力的秋肥] 这一时期，施肥可以使老化的叶片复苏，延长生长后期的光合作用，同时可以保障早春萌芽的养分供应。

具体操作方法是施以氮肥，肥料中要同时具有速效肥和缓释肥。肥料中氮钾比为2∶1，施肥时间以9月初为佳。另外，磷酸与氮、钾的比例无关，可混入年施肥量的一半左右。

[防治病虫害] 喷洒药剂主要防治褐斑病、锈病以及害虫。

休眠期

10月下旬至翌年3月下旬

休眠期的特征

生理特征

休眠期是指葡萄停止一切生长。由叶片光合作用产生的蛋白质和糖类转移至新梢、枝干、根并进行贮藏。树体内的各部分所储备的糖类到了初冬转变为葡萄糖。葡萄糖溶于水后，即使温度低于0℃也不会结冰。而且，葡萄糖的浓度越高越难以结冰，因此抗寒性也随之增强。这种能力仅限于地上部分。

但是，到了春天气温开始回升，葡萄糖再次转变，抗寒性随之变弱。休眠期葡萄树在落叶后也会从土壤中吸收水分，虽然吸收量不多，但会在当年尽可能多地吸收。

形态特征

到目前为止长出的新梢，大概有2/3左右已木质化，转变为能抵御冬天严寒的状态。根在落叶后也继续蔓延，当温度低于12℃时根停止生长。到10月为止小穗形成，此时花芽开始分化，接着在10月（自然休眠最深）达到高峰期后，年内将不再分化。

之后，经受1 500～2 000小时的

严寒，翌年萌芽活动的准备就此结束。不经受这么久的持续低温，葡萄就不能打破休眠，即使气温上升芽也不能萌发。即使人工调节温度上升发芽也会参差不齐，导致葡萄生长不良。

土壤中的养分变化

秋肥随着降水开始溶解，周围的热量使微生物的活动进入活跃状态，促进营养成分分解。分解过程中，土壤pH在7左右时，氨态氮易转变为硝酸态氮。而硝酸态氮不会被土壤吸附因此一直渗透至土壤的深处，提高了根周围的氮素浓度。

此氮素能促进早春腋芽萌发后的生长。有机态氮转变为硝酸态氮的同时，不溶性的磷酸和氮素也被分解，转变为容易被植物吸收的养分，慢慢地渗透到土壤中。钾是水溶性元素，因此降水后也会渗透至土壤中。

土壤温度低于0℃时，微生物停止活动，肥料也变得难以吸收。由于温度过低，11月以后施用的基肥实际从翌年4月以后才开始分解。施肥开始产生效果要在6月以后，果实早已进入膨大期。因此初春为了促使葡萄生长施用的肥料其实没有实质性效果。

不考虑果实膨大期所需营养元素的话，就无法正确地施基肥。

这一时期的管理主要是修剪和施肥工作。要依据当年的树势情况进行空间调整、修剪等。

休眠期的操作

管理方法

判断生长的方法

新梢的长度达到20厘米以上时，副梢增多，其中大多是徒长蔓。因此在调整树势时，应该抑制新梢的生长。

新梢的长度为130～200厘米时，弱副梢出现，说明上一年的生长状况是良好的。这时，调节树势与上一年相同即可。

新梢的长度低于100厘米且枯萎部分占其总长1/2以上时，说明上一年树势衰弱，且结果过多，因此应该调整树势使其第二年趋于旺盛。

修剪工作

短梢修剪时，每年剪至第二主蔓的底部，因此修剪工作还比较简单。

但是，新梢进入成熟而年轻的第二主蔓未达到目标长度时，就要剪短至已经成熟的位置，进而促使新梢生长（关于短梢修剪见87页）。

土壤管理

冬季土壤管理应着重管理土壤的内部结构。通过深耕改善土壤的物理构造，同时加入改良剂和肥料改善土壤化学性质，改良剂的成分包括有机质、生石灰、磷酸等。

由于深耕会对根造成暂时伤害，因此有些人也会回避深耕。但是从长远来看，对地上部分实施强剪，保持了整体平衡，因此无须担心。深耕的效果不体现在当年，而是第二年。因此，深耕工作每年都要做（关于土壤和根、树势和施肥见91页）。

施用基肥

休眠期施用基肥是为果实膨大期做准备，并根据上一年果实的坐果量和树势计算基肥的施用量。

幼苗时期，在其树冠下以画圆形的方式施肥。随着树冠的扩展施肥的圆形也变大。不可在某一部分施用高浓度的肥料，否则会导致根枯萎，严重时会引发生理病害。

[**施用生石灰**] 生石灰可提高土壤 pH 和镁、磷酸的肥效。为改良酸性土壤，可施用生石灰。

生石灰最佳施用时期为冬季，施用后应立即用机械搅拌土壤。每100米^{2}火山灰土壤混入碳酸钙30千克、沙质土壤30千克。若已经栽培了几株葡萄树，不要一次性大量投放，分2～3年，分次少量投放。

[**施用镁肥**] 镁与生石灰一样在冬季施用为宜，每100米^{2}加入25%硫酸镁14千克。由于苦土石灰是迟效性肥料，充分施肥的情况下，苦土石灰的肥效也难以显现，因此应在早期施用。出现缺镁症状时，施用25%硫酸镁2千克。

在大量施用生石灰时葡萄容易出现缺硼症，因此即使上一年没有出现缺素现象，也建议每100米^{2}施用硼素100～200克。

防治病虫害

3月下旬芽萌发前，应进行越冬病虫害防治。这个时期即使喷洒强效药剂对植物也没有药害，因此应该进行充分的防治。

越冬常见病害有葡萄炭疽病、褐斑病、蔓裂病，常见虫害有叶蝉、介壳虫或粉蚧。

此外，山地栽培葡萄常发生虎天牛危害，需喷洒药剂防治。而欧洲葡萄容易发生黑痘病，需喷洒相应的药剂进行防治。

将树皮内侧干涸处的越冬害虫置于阳光下曝晒，也是有效的防治方法

休眠期的操作

基础修剪

树势的旺盛与衰弱

树势是指新梢的生长状况和生长量等肉眼可观察到的营养生长的强弱状态。

树势旺盛是指新梢的生长量大，外形粗壮，而且长势旺盛，节间距长，叶片也大。树势衰弱是指新梢的生长量小、外形细弱，且长势弱、节间距短、叶片也小。另外，长势错乱是指一株葡萄树的内部同时存在极端强势和弱势的新梢，生长状况良莠不齐。

[最佳树势] 最佳树势是指萌芽、展叶后新梢的伸长生长也趋于平衡。实际栽培时，树势的错乱是从此时开始，结果母蔓先端的2～3个芽已经出现展叶，中间部分和末梢的芽还仅有1个。这种情况，树的整体树势就出现了参差不齐。

最佳树势的新梢在开花前1～2周每天的生长长度为2厘米左右，最终实际的生长长度为50～60厘米；开花期可以长到60～100厘米；落花落果严重的四倍体品种其新梢的生长长度为60～80厘米最佳。另外，整个周期的总生长长度为130～200厘米，四倍体品种也是如此。

树势与修剪的关系（包含整形修剪）

[修剪的目的] 修剪的目的是使葡萄常年稳定地产出优质果实，因此需要调整树形，合理分配枝蔓，从而享受合适的光照。实际修剪时，通过剪除枝蔓、调整芽间距来减少芽数，使剩余的芽能够集中吸取养分和水分，从而茁壮成长。

[因强剪而长出的徒长枝] 加强修剪能够促进营养生长，相反弱剪的话树势也随之变弱。强势徒长蔓的生长是通过强剪而生长出来的。减小修剪力度的话，也会抑制徒长蔓的生长。

[强剪与弱剪] 修剪可以让上一年积累的养分以及根吸收的养分和水分平均分配到每一个芽。但根吸收的氮、磷、钾、钙、镁等营养成分要靠施肥和土壤管理来调节。

观察树势，修剪程度高于80%会出现强剪的不良症状，而修剪程度低于50%则会出现弱剪的不良症状。

[短梢修剪需强剪] 本书介绍的短梢修剪，修剪程度高于80%，是典型的强剪。可以说通过目前为止的修剪工作来调节树势是几乎不可能的，应该着眼于如何弱化过强的枝蔓。尤其是四倍体品种开花量大，但自然坐果率低，因此其短梢修剪是非常重要的工作。

休眠期的操作

整形与修剪 12月至翌年2月

栽培葡萄时会依据各地的气候条件进行整形修剪，主要包括生长期间的降水量、土壤性质、温度等条件。

这些外因各不相同，但是都基于同一原则，即为了能稳定地产出高品质的葡萄，保持葡萄所需的营养生长和生殖生长恰到好处的平衡。

日本夏季高温多湿，生长期间的降水量达到1 200～2 000毫米，树势明显变强，所以需要采取预先抑制营养生长的栽培方法。日本自古以来通过棚架栽培研究出"自然形"整形修剪法。

相反，对于降水量低于400毫米、空气干燥、氮素供给量相对较少的欧洲来说，葡萄树的生长处于弱势，需要激发其营养生长。因此需搭建容易为所有枝蔓提供营养生长的支架。与盆栽葡萄类似，根部生长受限的盆栽葡萄，选择搭架栽培。

整形与修剪的关系

[2种修剪方法] 整形与修剪有密切的关系。根据整形方法来进行修剪。

农户实际生产中运用的整形方法是X形自然整形修剪法，即让4条主蔓按照英文字母"X"形进行排列。"X形自然整形修剪法"应用普遍。修剪后保留长的结果母蔓，因此叫作"长梢修剪"。枝蔓长得很长便于树势的管理，适合如先锋和巨峰这样的大粒品种。其缺点是随着年份增加枝蔓会变得繁杂错乱。

针对此缺点，推荐采用"两条主蔓型自然整形修剪法（左右各设置1条主蔓）"或"H形整形修剪法"。新梢保留2～3个芽，其余部分全部剪除，因此叫作"短梢修剪"。短梢修剪简单易操作，适合经植物生长调节剂处理的无核葡萄栽培，因此近年比长梢修剪应用更为普遍。

本书不推荐复杂的长梢修剪，而是着重介绍短梢修剪。即使是大粒葡萄品种或树势旺盛的品种经植物生长调节剂处理后也可进行短梢修剪。

修剪

[长梢修剪] 根据新梢的粗细和饱满程度，中长梢留芽5～6个，长梢留芽10～12个，新梢或徒长的枝蔓上留芽不低于15～20个，保留长的结果母蔓。另外，错乱混杂的部分枝会导致新梢的基部或老枝的间距变大，因此要修剪。

[短梢修剪] 留新梢基部的2～3个芽。此方法的目的是让这2～3个芽生长出来的新梢上能长出果穗。短梢修剪属于强剪。进行短梢修剪的品种，须是能抗冻害、落花落果轻、果粒密集也不会裂果的品种。经植物生长调

两条主蔓型自然形整形修剪法

第一年

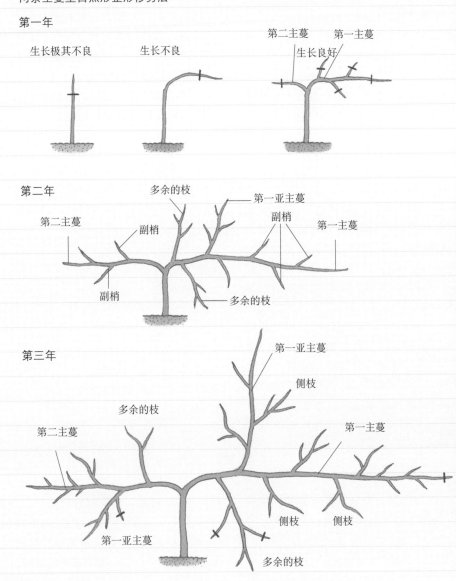

生长极其不良   生长不良   第二主蔓   第一主蔓
                            生长良好

第二年

多余的枝
第一亚主蔓
第二主蔓
副梢
副梢
副梢
多余的枝

第三年

第一亚主蔓
侧枝
多余的枝
第二主蔓
第一主蔓
第一亚主蔓
侧枝   侧枝
多余的枝

节剂处理后，任何品种都可进行短梢修剪。

短梢修剪的方法趋于单一，只要记住形状，多复杂困难的修剪也会变得容易上手。另外，新梢生长和结果的位置是固定的，所以枝蔓的管理非常简单。特别是抹芽、引导工作不需要根据树势不同而做出改变，统一即可。而且，结果枝的枝数也是固定的，容易调节结果数量进而确保稳定地产量。短梢修剪与树势的好坏无关，只需要套上固定的修剪形状，按照形状来修剪即可。因此无须担心树形变乱。

然而，短梢修剪也有缺点。短梢修剪属于强剪，因此难以调节新梢的生长。另外，树本身有氮素过多的倾向，可能导致修剪后枝条基部保留的2个芽延迟分化发育，后期生长势不可挡，成为徒长蔓，出现典型的"秋长"现象，从而使树体变得容易受到冻害的影响。

["一"字形整形修剪法（搭棚法）] 以主干为中心左右各设立1条主蔓，使其生长方向像汉字"一"的修剪法。

第一年，萌芽生长后选择长势最好的一条新梢作为主蔓，生长直至棚顶后再往预期的生长方向进行引导。主蔓尽可能地生长，即使长出副梢也不用处理。剪除副梢的话，主蔓会变细导致难以成熟，将会延缓树的扩展进

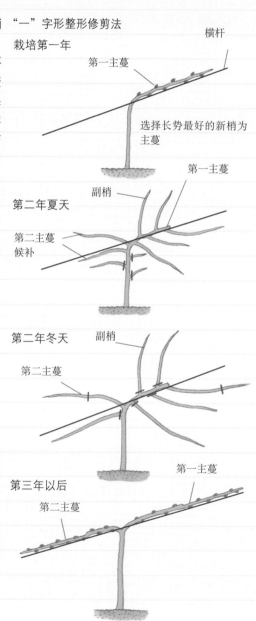

"一"字形整形修剪法

栽培第一年

横杆

第一主蔓

选择长势最好的新梢为主蔓

第二年夏天

副梢

第二主蔓候补

第一主蔓

第二年冬天

副梢

第二主蔓

第一主蔓

第三年以后

第二主蔓

第一主蔓

H形整形修剪法

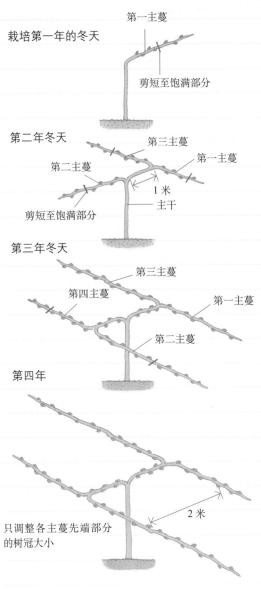

栽培第一年的冬天

第一主蔓

剪短至饱满部分

第二年冬天

第三主蔓

第二主蔓

第一主蔓

1米

主干

剪短至饱满部分

第三年冬天

第三主蔓

第四主蔓

第一主蔓

第二主蔓

第四年

2米

只调整各主蔓先端部分
的树冠大小

程。根据树的饱满程度和枝的逆向生长程度进行冬季修剪。枝蔓过长的话，节与节之间芽的生长将会受到不良影响，因此枝蔓剪短一半或者一半以下为佳。这时要剪除所有副梢。

第二年，棚下30～50厘米处在第一年选取的主蔓（第一主蔓）的反方向选取第二主蔓。将每节长出的新梢往主蔓两侧引导，去除从基部较晚长出的全部副芽。基部长出的新梢长势旺盛，抑制了主蔓先端的生长，因此摘心一般留10～15片叶为宜。

冬季的修剪，剪留主蔓方法与第一年相同，保留结果母蔓基部的1～2个芽。第三年以后重复第一年和第二年的操作。

[H形整形修剪法] 此修剪法是指4条主蔓形成的H形。与"一"字形整形修剪法相比，H形整形修剪法的主蔓由2条增加至4条，因此强剪的力度需要减弱。

但是，H形整形修剪法第一年的做法与"一"字形相同。不同的是，把第二年从棚下30～50厘米处的新梢当作第二主蔓，将第一主蔓上距主干约1米处产生的新梢作为第三主蔓，引导第一主蔓和第三主蔓往相反方向生长。

第三年开始，选取第二主蔓和第四主蔓的方法与第一主蔓和第三主蔓相同。

第四年初，所有的主蔓开始长出侧枝。树冠只在4条主蔓的先端进行扩张，使所有主蔓处于平行，主蔓与主蔓的间隔为2米。

[短梢修剪中侧枝的修剪方法]侧枝的理想间隔为20厘米。侧枝保留1～2个芽。萌芽后根据树势做出调整，树势弱，则提早抹芽1～2个；树势强，可延迟抹芽工作。最终保留一条新梢，但是最终留下来的新梢最好从基部选择。

休眠期的操作

土壤管理

土壤与葡萄树的根

葡萄树的根长年累月扩展蔓延，吸收土壤中的养分和水分，来维持根和植株的生长，收获结束至落叶期为大量积累养分期。根的数量与分布与地上部分的树干和枝叶的生长、树势和果实的品质、产量等都有密切联系。

葡萄属于深根性的果树，对土壤进行深耕的同时有时会破坏土壤结构，但只要加入有机质等改善地下土壤的物理化学性质，根系的分布就会变得更深，树势也会变得更加旺盛。

树势与施肥

树势可以通过施肥进行调整，也可以通过修剪芽的数量进行调整。

修剪可以调整长出叶片与底芽之间的空间，剩余的芽也会长出新梢，大量叶片可充分利用根吸收的营养。这种情况下施肥才会有效果。但是，过分强剪，只靠剩余芽的生长和增加的叶片无法充分利用从根部吸收的养分和上一年贮藏的养分，则会促使植株长出徒长蔓，扩大树体，所以应调整营养供给。这种情况下施肥有害无益。

[调整树势，修剪为主（占75%），施肥为辅]部分葡萄种植户对葡萄施肥各执己见，有的觉得肥料都差不多，随意施肥；有的看到别人施肥自己也开始施肥。为什么会有这么多人施肥呢？因为肥料的肥效各式各样，再加上大家在调整树势时仅依赖施肥，而不考虑修剪。

调整树势时，修剪的作用以占整体效果的75%左右为佳，最好不要超过85%，再加上作为补充项的施肥作用是比较理想的。

产自蒜山手工制作的
山葡萄酒

日本北海道、东北、中部等地的山林地区野生山葡萄是亚洲野生葡萄品种之一。该品种耐寒性极强，适合在严寒地区栽培。

除了山葡萄外，日本国内各地还有其他野生葡萄，比如蘡薁、葛藟等，但只有山葡萄被驯化栽培。

冈山县北部、鸟取县及其县内一个叫作"蒜山"的严寒地区，自1978年开始栽培山葡萄。山葡萄常用于制作红酒、果酱以及果醋等，已成为当地特产。

山葡萄耐寒性极强，即使普通葡萄品种无法栽培的严寒地区也可露天越冬栽培。但是，山葡萄属于雌雄异株品种，所以必须要混种雄性葡萄树，才能保证开花时授粉情况良好，稳定地生长。因此，建议居住在严寒地区的人们可栽培山葡萄。

由山葡萄红酒起航的原创
"蒜山"手工葡萄酒品牌

第 5 章
自家栽培葡萄的乐趣

制作化妆水

很久以前日本山梨县的葡萄女种植户就用葡萄树液代替化妆水。后期人们以葡萄树液为原材料制作肥皂和化妆水，并开始商业化销售。

葡萄树液确实含有丰富的氨基酸、有机酸、糖及矿物质，能够保持皮肤角质层的水分，具有天然保湿作用。因此树液被制作成化妆水，在肌肤保湿方面的功效是具有一定的科学依据的。

由于低价进口葡萄酒对日产葡萄酒的冲击，日产红酒消费低迷，用来制作葡萄酒的葡萄需求不断减少，因此为了提高葡萄种植户的收益，才出现了用树液来制作化妆水的商机。

制作方法十分简单。染井吉野樱花（一种杂交樱花品种）开花，葡萄树进入修剪时期，剪去结果枝先端的3个芽部分，剩余枝条先端开始滴树液，将塑料瓶挂枝以收集树液，之后放入冰箱冷藏即可，洗脸和沐浴后可直接使用。

如果想获得更干净的化妆水，可用纸或布做成过滤网过筛。

可以采集树液的时期很短，只有初春发芽前2周左右。请不要错失良机，试着挑战制作化妆水吧。

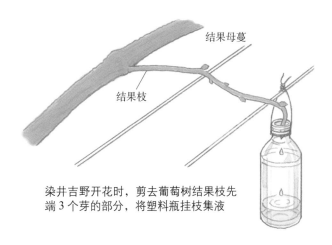

结果母蔓

结果枝

染井吉野开花时，剪去葡萄树结果枝先端3个芽的部分，将塑料瓶挂枝集液

❦ 制作葡萄果酱

葡萄皮含有丰富的多酚纤维，可以有效地保护微小血管。因此我们认为葡萄连皮一起煮出来的葡萄果酱更具药效。

[材料] 葡萄　　　　3 ～ 4串（约1千克）
　　　　白砂糖　　　约300克
　　　　柠檬汁　　　2大汤匙

❶ 选择有籽葡萄，要一粒一粒地摘下果实，洗净后放入法郎锅，小火煮10分钟。用筛网过滤后取出葡萄籽，再倒回锅内，加入白砂糖（约占果实的30%）和柠檬汁继续炖煮，关火即可。

❷ 制作含有果肉粒的果酱时，将葡萄洗净后对半切开，取出葡萄籽，剥皮（葡萄皮用茶包布等包住），放入锅中炖煮，加入白砂糖和柠檬汁，最后放入装皮的茶包布用于上色继续煮，煮至颜色变深即可。

用甲斐美丽（品种名）制作的果酱
（右为有籽葡萄制作的果酱，左为含果肉粒的果酱）

制作葡萄浓缩果汁

任何葡萄品种都可制作成浓缩果汁。其中，紫黑色或红色葡萄（有籽葡萄也可）的颜色鲜艳，可以制作成色泽亮丽的果汁。

[材料]　葡萄　　　　　　　3～4串（约1千克）
　　　　白砂糖　　　　　　适量
　　　　柠檬汁　　　　　　2大汤匙

① 将葡萄洗净，一粒一粒摘下放入珐琅锅小火煮10分钟左右。葡萄汁将变为深色。

② 在盆上铺过滤网，倒入步骤 ① 的半成品，过筛。

③ 将过筛后的果汁重新倒入珐琅锅，开小火，若甜度不够可加入白砂糖，关火时加入柠檬汁即可。需要保存时，请把果汁倒入经过煮沸杀菌的瓶中再冷藏。

取出洗好的葡萄，放入锅中，用小火煮10分钟

>>>

将过滤网放入盆中，小心地将汁液挤压下去

柠檬汁

<<<

加入柠檬汁，你就完成了

存放在经过煮沸杀菌的瓶子里

糖

将这种果汁放回洗过的珐琅锅中，加入白砂糖，用小火煮沸，直至汁液约为原汁液的2/3

🍇 制作葡萄汁果冻

使用自家制作的葡萄果汁制作的果冻，是外观、口感都给人带来清爽心情的夏日小甜点。

[材料]

自家制作的葡萄果汁	300毫升
白砂糖	40克
明胶	5克
白开水（80℃）	20毫升

❶ 将明胶放入白开水中，使其泡发。

❷ 将自家制作的葡萄果汁和白砂糖放入珐琅锅内加热，白砂糖溶解后关火。接着倒入泡开了的明胶，使其完全溶于锅内。

❸ 待完全冷却后，倒入喜欢的容器内，放入冰箱冷藏直至凝固。

用龙宝品种制成的 Resan berinu（法语，意思是杯装的葡萄甜点）

冷冻葡萄

炎炎夏日，将葡萄冷冻就变成了另一种口感的葡萄汁冰激凌，美味无比。另外，冷冻葡萄可以长期保存，是酸奶或水果沙拉的好搭档，还可以用于制作甜点。

吃冷冻葡萄时，会觉得葡萄皮很厚，这时放置一段时间解冻可完美地剥皮。

制作酒精度低于1%的葡萄酒

葡萄酒有红葡萄酒、白葡萄酒、桃红葡萄酒。

酿造红葡萄酒是捣碎红葡萄后让葡萄皮、籽和果汁一起发酵，葡萄皮的色素造就了红葡萄酒的颜色。一般的红葡萄酒口感有烈性，具有红葡萄酒特有的涩味。

白葡萄酒的原材料除了青葡萄外，也可由脱皮的红葡萄制成。用红葡萄制作时，捣碎果粒后剔除葡萄皮和籽，使果汁发酵。白葡萄酒的口感清爽，品种丰富，酸涩到甜口皆有。

制作桃红葡萄酒时使用红葡萄，连皮带籽和果肉一起发酵，发酵过程中，取出皮和籽。品种和取皮、籽的时间不同，色泽和口感也大不相同。

本书只介绍制作酒精度低于1%的葡萄酒。

实际生活中，一般家庭制作葡萄酒时，多选择紫葡萄蓓蕾玫瑰A，因为这个品种容易栽培且在酿造葡萄酒的最佳季节可被收获。制作葡萄酒时一般不使用鲜食品种，但蓓蕾玫瑰A既可鲜食也可酿酒。

控制酒精度数的葡萄酒的制作方法

葡萄含有葡萄糖，原本附着于葡萄表面的酵母可使葡萄糖转化成酒精。

制作葡萄酒的温度管理十分重要。18~26℃为最佳温度，因此春、秋季是酿造葡萄酒的最佳时期。

❶ 首先，从收获的葡萄中尽量选择颜色深、略干的成熟葡萄。

❷ 轻轻地洗净葡萄，将带有小枝梗的果穗连串放入大盆里，用手捣碎。葡萄籽里包含的丹宁是葡萄酒中不可或缺的涩味的源泉。

❸ 将步骤❷制作出的半成品倒入果酒专用瓶内，不用完全密封，盖子不用拧紧。瓶内出现一个个小泡就表明开始发酵了。

发酵将持续2周左右，沉淀物聚集在瓶底，葡萄酒即将大功告成。

提示：发酵是指糖通过酵母的作用分解为乙醇和二氧化碳。

$$C_6H_{12}O_6 \rightarrow 2CH_3CH_2OH+2CO_2$$

糖一直分解发酵的话，酒精度数会越来越高。相反，中途停止发酵，就变成了低酒精度数的甜口葡萄酒。

强制停止发酵时，将发酵酒瓶放入60℃的热水中浸泡30分钟左右，或放入冰箱低温冷藏。

提示：专业酿造葡萄酒时，会在步骤❸里加入白砂糖（10%左右）和红酒酵母（葡萄酒专用酵母），在此为了控制酒精度数，故不加。

❹ 到此，酿酒就完成了。倒入经过煮沸消毒的瓶子里，用软木塞封口。自己制作的世界上独一无二的葡萄酒，自然别有一番风味。

提示：请注意千万不要过度发酵导致酒精度数上升，控制在1%即可。

酒精度数低于1%的葡萄酒的制作方法：

原材料使用9月收获的蓓蕾玫瑰A葡萄
尽可能只选择颜色深且表面略干的葡萄

用手将整串葡萄捣碎，连皮带籽

使其自然发酵

盖子不要拧紧

开始自然发酵，会产生气体

保留葡萄皮，可以起着色的作用

底部开始出现沉淀物

发酵2周后结束

过筛，完成制作

将葡萄酒装入瓶中，用软木塞密封

葡萄酒专用瓶子需煮沸消毒

新品种怎样诞生

　　育种是指有意识地让雄花为雌花授粉受精，产生种子，接着使其发芽，观察其生长状况与果实品质，创造培育出有商品价值的品种。葡萄是果树中除了柑橘以外培育新品种最多的果树。日本果树试验场以及各县的试验研究机关对葡萄以及柑橘等许多水果进行品种培育研究。

选用嫁接苗或扦插苗

　　葡萄属于两性花，在构造上，其一朵花里存在雄蕊和雌蕊，通过自身的花粉进行授粉受精，形成种子的同时结成厚实果肉。播种这样的种子产出的葡萄，拥有与其母本不同的特性。但是大部分的情况下，比母本的品质更劣质。因此，要想产出稳定的优质葡萄，应选用嫁接苗或扦插苗。

坚持优化组合母本品种

　　进行育种时，都是带有某种目标的。但是，目标各式各样，有的是为了改善果实品质，比如提高糖度、使果粒膨大、改变果皮颜色、提高果实口感、栽培无核果实；还有的是为了改善植物体自身抗性，比如增强耐寒抗病耐光性、调整树势强弱等。

人工去雄，异花授粉

　　葡萄在开花之前，人工使用小镊子小心地剔除覆盖在花冠的花萼，同样用小镊子剔除内部的全部雄蕊，使自身的花粉无法进行授粉。这个操作叫作人工去雄。

　　剔除所有雄蕊后，用塑料袋套住剩下的雌蕊，使其只能与交配品种进行授粉受精。

　　将预杂交品种上采集的花粉附着于用塑料袋套住的花柱柱头上，使其授粉。若能顺利结果获得种子，再播种和育苗，就能得到未知的新品种。

　　需要花上数年时间才能完成以上全部操作，使新品种结果，再检验果实的特征。顺利完成预计目标的话，将其枝条作为插穗或接穗，可培育成扦插苗或嫁接苗，并获得半永久的遗传性稳定的葡萄。

①播种

采种：秋季葡萄完全成熟之后，采其种子并洗净。

播种时间：9 ~ 12月，3 ~ 4月。

为防止土壤干燥，播后需浇水。

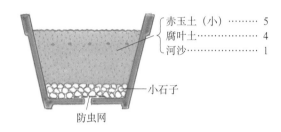

赤玉土（小）········ 5
腐叶土················· 4
河沙···················· 1

小石子

防虫网

翌年春天开始发芽，继续于盆具中栽培，第二年春天移栽至大型盆具或庭院里。若是快的话，4 ~ 5年即可收获初次果实。

②扦插育苗

扦插苗的准备：经历落叶后的晚秋至初冬，剪取长30 ~ 50厘米芽饱满的一年生枝。为防止干燥，需装入塑料袋中进行密封储藏。

扦插时间：3月中旬至4月中旬。

插穗的制作方法：将准备好预留2 ~ 3个芽的枝，将其下端部分斜切，保留最上端的芽，其余芽全部去除。

扦插：将插穗插入土壤之中直至石子部分，使芽裸露在地表之上。发芽后，移至光照良好的场所，为防止干燥需浇水

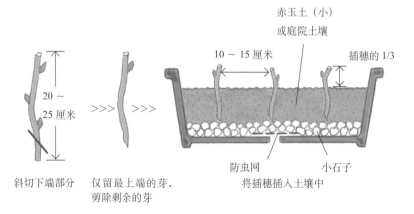

赤玉土（小）
或庭院土壤

10 ~ 15厘米

插穗的1/3

20 ~
25厘米

防虫网

小石子

斜切下端部分

仅留最上端的芽，
剪除剩余的芽

将插穗插入土壤中

图书在版编目（CIP）数据

图说葡萄整形修剪与12月栽培管理/（日）大森直树著；新锐园艺工作室组译.—北京：中国农业出版社，2019.10（2022.10重印）

（园艺大师系列）

ISBN 978-7-109-25704-7

Ⅰ.①图… Ⅱ.①大… ②新… Ⅲ.①葡萄－修剪－图解②葡萄栽培－图解 Ⅳ.①S663.1-64

中国版本图书馆CIP数据核字（2019）第148743号

合同登记号：图字01-2018-8286号

中国农业出版社出版
地址：北京市朝阳区麦子店街18号楼
邮编：100125
责任编辑：国 圆 郭晨茜 孟令洋
责任校对：吴丽婷 版式设计：郭晨茜
印刷：北京中科印刷有限公司
版次：2019年10月第1版
印次：2022年10月北京第4次印刷
发行：新华书店北京发行所
开本：880mm×1230mm 1/32
印张：3.5
字数：100千字
定价：28.00元

KATEIDEDEKIRU OISHII BUDOU ZUKURI 12KAGETSU by Naoki Omori

Copyrigh © Naoki Omori，2012

All rights reserved.

Original Japanese edition published by Ie-No-Hikari Association

Simplified Chinese translation copyright © 2019 by China Agriculture Press

This Simplified Chinese edition published by arrangement with Ie-No-Hikari Association, Tokyo, through HonnoKizuna, Inc., Tokyo, and Beijing Kareka Consultation Center

本书简体中文版由家之光协会授权中国农业出版社有限公司独家出版发行。通过株式会社本之绊和北京可丽可咨询中心两家代理办理相关事宜。本书内容的任何部分，事先未经出版者书面许可，不得以任何方式或手段复制或刊载。